食 在 中 国 味 在 舌 尖

绝味爽口
凉拌菜

初衷的味道 香 鲜 味 美 不舍的情怀

段晓猛◎编著

中国建材工业出版社

图书在版编目（CIP）数据

绝味爽口凉拌菜/ 段晓猛编著. -- 北京 ： 中国建
材工业出版社，2016.3（2024.10重印）
（小菜一碟系列丛书）
ISBN 978-7-5160-1396-0

I. ①绝… II. ①段… III. ①凉菜—菜谱 IV.
①TS972.121

中国版本图书馆CIP数据核字（2016）第044389号

绝味爽口凉拌菜

段晓猛　编著

出版发行：中国建材工业出版社
地　　址：北京市西城区白纸坊东街2号院6号楼
邮　　编：100054
经　　销：全国各地新华书店
印　　刷：三河市南阳印刷有限公司
开　　本：720mm×1000mm　1/16
印　　张：10
字　　数：157千字
版　　次：2016年5月第1版
印　　次：2024年10月第3次印刷
定　　价：49.80元

本社网址：www.jccbs.com.cn 微信公众号：zgjcgycbs

凉拌菜，是将初步加工和焯水处理后的食材，经过添加红油、酱油、蒜粒等调料制作而成的菜肴。根据红油的分类一般可分为香辣、麻辣、五香三大类。

凉拌菜很少用油、烹饪简单，能最大限度地留住食材的营养；再则盐分又容易附在食材的表面，少量用盐就足以让人感觉到咸味，从而减少了心脑血管疾病的发生。每一道凉菜，吃的不仅仅是食物的本味，调味料才是灵魂所在。糖、香油、醋、盐、辣椒油等调味的多或少，赋予了每一道凉菜不同的味道。吃前将各种食材连同酱汁拌均匀，酸、辣、甜、麻香味儿在口腔中散发开来，醒胃又养生。凉菜之所以吸引人，不单单是其味美色鲜，最主要的是绝对爽口！

contents 目录

Part 1　凉拌素菜

Part 2 凉拌荤菜

Part 1 凉拌素菜

🐷 原料

苤蓝、山药、胡萝卜适量。

🍴 调料

盐、生抽、油适量。

🍳 制作方法

1. 苤蓝根部去皮，冲洗后切成片；山药去皮切成片；胡萝卜去皮也切成片；
2. 坐锅热油，先下胡萝卜后下苤蓝快炒，下山药快速拌炒。
3. 加半汤匙食盐和少许生抽入味，翻炒均匀出锅装盘。

小提示

> **苤蓝炒山药**
> ● 具有滋肾益精、降低血糖、延缓衰老的功效。
>
> **辣味玉米笋**
> ● 具有减肥、防癌抗癌、增加记忆力、抗衰老的功效。

🐷 原料

罐装玉米笋300克。

🍴 调料

盐2克，香油5毫升，糖少许，辣椒粉5克，红油适量，味精少许，姜末40克，葱末30克。

🍳 制作方法

1. 将玉米笋放入开水中稍煮，捞出，放凉，码放盘中。
2. 将红油、香油、盐、糖、辣椒粉、葱末、姜末、味精一同撒在玉米笋上拌匀即可。

🧄 原料

马蹄400克，酒酿20克。

🍴 调料

香油、小番茄适量。

🍳 制作方法

1. 马蹄去皮洗净；小番茄洗净切半，沥干备用。
2. 把马蹄整齐码入盘中，铺上番茄，淋入酒酿，撒上香油即可。

酒酿马蹄

小提示

酒酿马蹄
● 具有清热解毒、凉血生津、利尿通便、消食除胀的功效。
蓝莓马蹄
● 具有凉血生津、延缓衰老、增强记忆力的功效。

🧄 原料

马蹄260克。

🍴 调料

蓝莓果酱适量。

🍳 制作方法

1. 马蹄去皮，去蒂，清洗干净，入蒸锅蒸10分钟。
2. 将蒸好的马蹄取出，抹上蓝莓果酱，冷热皆可食用。

蓝莓马蹄

拌桔梗

🍲 原料

桔梗250克，熟芝麻6克。

🍴 调料

辣椒粉5克，盐2克，味精1克，醋8克，白糖3克，葱叶、生菜各适量。

🍶 制作方法

1. 将桔梗去皮撕成条，拌入盐，揉搓后用清水冲洗干净，用盐腌入味。
2. 将洗腌过的桔梗挤去水分，放入辣椒粉、白糖、醋、盐、味精、芝麻拌匀，以生菜铺盘，加葱叶即成。

尖椒拌口蘑

🍲 原料

口蘑200克，青、红尖椒各30克。

🍴 调料

香油20克，盐5克，味精3克。

🍶 制作方法

1. 口蘑切片；青、红尖椒切片。
2. 分别将口蘑和尖椒放进沸水中焯熟，捞起控干水，放凉。
3. 将口蘑和尖椒装盘放入香油、盐、味精，拌匀即可。

> **小提示**
>
> **拌桔梗**
> ● 具有开宣肺气、祛痰排脓的功效。
> **尖椒拌口蘑**
> ● 具有保护肝脏、降脂减肥、散寒祛湿、提高免疫力的功效。

🐷 原料

樱桃萝卜适量。

🍴 调料

白糖、白醋适量。

🥄 制作方法

1. 樱桃小萝卜去樱洗净后，切去头尾。
2. 让小萝卜头朝下，用蓑衣刀法切成薄片，别切断，如果掌握不好，可在下面放两根筷子垫着，然后转过来，下面放两根筷子，把薄片切成丝状。
3. 加白糖、白醋调味即可，放进冰箱冷藏半小时口感更好。

樱桃萝卜

酸辣魔芋丝

🐷 原料

魔芋丝500克，熟芝麻5克。

🍴 调料

青椒、红椒、葱、姜、蒜、香油、红油、陈醋各适量。

🥄 制作方法

1. 将姜、蒜均去皮洗净，切成末；葱洗净，切末，青、红椒切成圈。
2. 锅中加水烧沸，下入魔芋丝结焯烫至熟后，捞出装入碗中。
3. 将青椒圈、红椒圈、葱末、姜末、蒜末和香油、红油、陈醋、芝麻一起拌匀，淋在碗中魔芋丝上即可。

小提示

樱桃萝卜
● 具有健胃消食、促进肠胃蠕动、增进食欲、帮助消化的功效。

酸辣魔芋丝
● 具有清热去火、减肥 祛痰 乌发、滋阴补肾、健脾开胃、消化不良、清热解毒的功效。

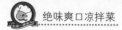

原料

滑子菇400克，紫包菜50克，甜椒30克。

调料

盐4克，味精2克，香油、香菜叶各适量。

制作方法

1. 滑子菇、香菜叶洗净；紫包菜洗净切丝；甜椒洗净切花。
2. 滑子菇、紫包菜、甜椒入沸水中焯熟，沥干水分后装盘。
3. 盘里加盐、味精、香油搅拌均匀，撒上香菜叶即可。

巧拌滑子菇

小提示

巧拌滑子菇
● 具有提高免疫力、保护肝脏、美容减肥的功效。

茶树菇拌蒜薹
● 具有利尿渗湿、增强免疫力、通便防痔、美容降压的功效。

原料

茶树菇300克，蒜薹200克，甜椒30克。

调料

盐4克，酱油8克，芝麻油适量。

制作方法

1. 茶树菇洗净备用；蒜薹洗净，切段；甜椒去蒂洗净，切丝。将所有原材料分别入水中焯熟，捞出沥干。
2. 将所有材料放入容器，加盐、酱油、芝麻油搅拌均匀，装盘即可。

茶树菇拌蒜薹

原料

蘑菇300克。

调料

油、鸡蛋、面粉、椒盐各适量。

制作方法

1. 蘑菇洗净，撕成条，焯一下，控水。
2. 鸡蛋加面粉、水调成面糊，将蘑菇条裹上面糊。
3. 放入油锅，炸酥，出锅，撒上椒盐即可。

椒盐炸蘑菇

小提示

椒盐炸蘑菇
● 具有镇痛、镇静、止咳化痰、通便排毒、促进食欲的功效。

口蘑拌花生
● 具有补益脾胃、润肺明目的功效。

原料

口蘑50克，花生250克。

调料

青、红椒片各5克，盐3克，味精8克，生抽10克，油适量。

制作方法

1. 口蘑洗净，切块，入水中焯熟，捞出沥干装盘。
2. 热锅下油，入花生米炸至酥脆，捞出控油装盘。
3. 将盐、味精、生抽调匀，淋在口蘑、花生上，撒上青、红椒片拌匀即可食用。

口蘑拌花生

泡椒鲜香菇

原料

鲜香菇600克。

调料

泡椒水80克，盐4克，味精2克，酱油8克，芝麻油适量。

制作方法

1. 鲜香菇洗净，大的撕片，入开水中煮熟，捞出，沥干水分，放入容器中备用。
2. 将泡椒水放入容器里，加盐、味精、酱油、芝麻油搅拌均匀。
3. 待香菇腌好后，装盘即可。

原料

野蘑菇200克，菜心200克，枸杞5克。

调料

盐3克，味精2克，醋5克，生抽10克。

制作方法

1. 野蘑菇洗净备用。菜心洗净备用。将野蘑菇、菜心分别入水中焯熟，捞出沥干。
2. 用盐、味精、醋、生抽调成汤汁，分别淋在野蘑菇与菜心上。拌匀后，再将野蘑菇与菜心装盘，撒上枸杞即可。

野蘑菇拌菜心

小提示

泡椒鲜香菇
● 具有延缓衰老、增进食欲的功效。

野蘑菇拌菜心
● 具有提高机体免疫力、促进食欲的功效。

🐻 原料

花菇200克，红椒15克，青笋20克。

🍴 调料

盐、红油各5克，味精、姜各3克、植物油适量。

🍶 制作方法

1. 花菇入水中泡开，切成两半；红椒剪成小段；青笋去皮切块，姜去皮，切片。
2. 锅上火，加油烧热，下入姜片、红椒炒香后，加入花菇、青笋一起炒匀。
3. 将花菇、青笋盛入盘内，淋入红油，加入盐、味精一起拌匀即可。

油吃花菇

🐻 原料

鸡腿菇350克。

🍴 调料

香葱、油、干辣椒、红椒、大蒜、盐、味精各适量。

🍶 制作方法

1. 将鸡腿菇洗净，改刀，入水中焯熟；红椒洗净，切丝；大蒜去皮，剁成蓉。
2. 锅中加油烧热，下干辣椒、香葱、红椒丝，加盐、味精炒匀，连同热油一起浇在鸡腿菇上即可。

油辣鸡腿菇

小提示

油吃花菇
● 具有调节人体新陈代谢、帮助消化、降低血压、减少胆固醇的功效。

油辣鸡腿菇
● 具有提高免疫力、通便、安神除烦、降糖消渴的功效。

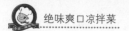

巧拌三丝

🦑 原料

金针菇150克，莴笋50克，青、红辣椒2个。

🍴 调料

盐、香油各适量。

🥄 制作方法

1. 金针菇洗净备用；莴笋去皮洗净，切丝；青、红椒均去蒂洗净，切丝。将切好的原材料入水中焯熟。
2. 将盐和香油搅拌均匀淋在金针菇上，将莴笋丝与青、红辣椒丝撒在旁边做装饰即可。

小提示

巧拌三丝
● 具有健脾、化痰止咳、消食积、解毒、补血的功效。 ↑

椒葱拌金针菇
● 具有促进智力发育、促进新陈代谢、抗疲劳的功效。 ↓

椒葱拌金针菇

🦑 原料

金针菇300克，红椒20克，香菜叶5克。

🍴 调料

盐5克，香油少许，醋10克，味精少许，葱丝10克。

🥄 制作方法

1. 金针菇洗净；红椒洗净，切成丝状。
2. 将金针菇放入沸水中烫至断生，捞出，晾凉沥干，盛盘。
3. 盘中加入红椒丝、葱丝、盐、香油、醋、味精拌匀，撒上香菜叶即可。

🍲 原料

金针菇200克，青红椒35克。

🍴 调料

盐3克，味精5克，花椒油、香油、老抽各适量，芥末粉15克。

🥢 制作方法

① 金针菇用清水泡半个小时，洗净，放入开水中焯熟；青红椒洗净，切丝。
② 金针菇与青、红椒装入盘中。
③ 将芥末粉加盐、味精、花椒油、香油、老抽和温开水，搅匀成糊状，待飘出香味时，淋在盘中即可。

芥油金针菇

小提示

芥油金针菇
● 具有抗疲劳、防高血脂、促进新陈代谢的功效。

西蓝花鸡腿菇
● 具有减肥、排毒、抗衰老、降低血脂的功效。

🍲 原料

红椒5克，西蓝花100克，鸡腿菇80克。

🍴 调料

盐3克，味精5克，香油、生抽各10克。

🥢 制作方法

① 红椒洗净切圈；鸡腿菇、西蓝花洗净，入沸水中焯熟，沥干后一起装盘。
② 将盐、味精、香油、生抽调成味汁，淋在西蓝花、鸡腿菇、红椒上即可。

西蓝花鸡腿菇

炒什锦蘑菇

🍲 原料

蘑菇、草菇、滑子菇、春笋、荷兰豆、彩椒、洋葱各适量。

🍴 调料

色拉油10毫升，食盐4克，白糖1克，水淀粉1汤匙，姜适量。

🍳 制作方法

1. 将彩椒、荷兰豆、洋葱洗净切丁，将所有的菇类过下清水，细笋切小段，姜切成末。
2. 热锅凉油放洋葱稍翻炒，将洗好的所有菇类和蔬菜全部倒入，加剩余调料入味，勾入水淀粉即可。

风味袖珍菇

🍲 原料

袖珍菇200克，圣女果、香菜叶各20克。

🍴 调料

盐、味精各3克，酱油、香油各适量。

🍳 制作方法

1. 袖珍菇洗净备用。
2. 锅入水烧开，放入袖珍菇焯水，捞出沥干水分，装盘。
3. 调入盐、味精拌匀，淋上酱油、香油稍拌，香菜叶、圣女果点缀即可。

小提示

炒什锦蘑菇
● 具有抗肿瘤细胞、增强体质的功效。
风味袖珍菇
● 具有提高免疫力的功效。

🍲 原料

水发黑木耳200克，香菜叶10克。

🍴 调料

红椒、盐、醋、辣椒油、姜、蒜、味精各适量。

🥘 制作方法

1. 将黑木耳泡发，洗净，撕成小朵，再下入沸水中焯至熟，装盘。
2. 将红椒洗净，切条；姜、蒜均去皮，切末。
3. 将木耳盛入盘内，淋入辣椒油，加入醋、盐、味精、香菜叶、红椒条一起拌匀即可。

酸辣木耳

陈醋木耳

🍲 原料

木耳400克，香菜叶少许。

🍴 调料

盐4克，味精2克，糖、料酒各20克，陈醋40克。

🥘 制作方法

1. 木耳用温水泡发，择净根部木屑，放入开水中稍烫，捞出，沥干水分备用。
2. 用盐、味精、糖、陈醋、料酒调制成味汁。
3. 将木耳放入容器，倒入味汁，搅拌均匀，腌渍半小时装盘，撒上香菜叶即可。

小提示

酸辣木耳
- 具有益气润肺、补脑轻身、凉血止血、活血养颜的功效。

陈醋木耳
- 具有益气强身、滋肾养胃、活血、降血脂的功效。

🐷 原料

水发黑木耳100克，水发银耳150克，葱白50克。

🍴 调料

青红椒圈各20克，花生油50克，盐5克，味精2克，白糖1克。

🥘 制作方法

① 放入花生油，烧热，把切成小段的葱白投入，改用小火，不断翻炒，待其色变深黄后，连油盛在小碗内，冷却后即成葱油。

② 将黑木耳和银耳用开水烫泡，捞出，切成小块。

③ 装盘，加入盐、糖、味精、青红椒圈拌匀，再倒入葱白，拌匀即成。

葱白拌双耳

小提示

葱白拌双耳
● 具有美容、排毒、补血、强身健体、养肝健胃的功效。

蔬菜豆皮卷
● 具有排毒、降血脂、安神、消食、活血、减肥瘦身的功效。

🐷 原料

白菜、黄瓜、胡萝卜各80克，豆皮适量。

🍴 调料

盐、葱、味精各4克，生抽10克。

🥘 制作方法

① 白菜切丝；葱切段；黄瓜去皮、去籽，切段；胡萝卜切段。

② 白菜、葱、黄瓜、胡萝卜入水中焯一下，晾干，调入盐、味精、生抽拌匀，放在豆皮上。

③ 将豆皮卷起，切段，装盘即可。

蔬菜豆皮卷

🐛 原料

黄瓜丝、土豆丝、香菜末、红椒丝各60克，豆腐皮适量。

🍴 调料

盐、味精、香油、葱丝各适量。

🥄 制作方法

1. 将土豆丝、红椒丝分别入沸水中焯水后，土豆丝与黄瓜丝、红椒丝、葱丝、香菜末、所有调料同拌。
2. 将拌好的材料分别用豆腐皮卷好装盘即可。

三丝豆皮卷

小提示

三丝豆皮卷
● 具有减肥强体、健脑安神、预防心脑血管疾病的功效。

春卷蘸酱
● 具有养胃健胃、调理肠胃、提高免疫力的功效。

🐛 原料

薄饼500克，胡萝卜、黄瓜各300克，香菜100克。

🍴 调料

盐、酱油、味精、醋各适量。

🥄 制作方法

1. 胡萝卜、黄瓜洗净，切丝；香菜洗净切段；用酱油、盐、味精、醋调成味汁装碟。
2. 将备好的原材料，放在薄饼上，卷成卷，蘸味汁食用即可。

春卷蘸酱

麻油豆腐丝

🍲 原料

干豆腐500克，青、红椒丝各5克。

🍴 调料

盐、麻油、葱、蒜各5克，味精3克。

🥄 制作方法

① 将干豆腐洗净，切成丝；葱洗净，切成葱花；蒜去皮，剁成蒜蓉。

② 锅中加水烧开后，下入豆腐丝稍焯，捞出，装入碗内。

③ 再将蒜蓉、葱花和所有调味料一起加入豆腐丝中拌匀，撒上青、红椒丝即可。

香芹豆腐丝

🍲 原料

香芹100克，五香干豆腐400克，豆芽100克，香菜叶20克。

🍴 调料

食盐、蒜、姜、红椒、香油各适量。

🥄 制作方法

① 香芹、豆芽入沸水中焯一下，沥水备用。五香豆腐干切条，红椒切丝，蒜切片，姜切末。

② 将香芹、豆腐丝、豆芽和剩余调料一起拌匀，装盘即可。

小提示

麻油豆腐丝
● 具有护心、补钙、润肠通便的功效。

香芹豆腐丝
● 具有安神补血、消炎、降压的功效。

🦀 原料

豆腐干200克，白菜心500克，香菜50克。

🍴 调料

盐2克，甜面酱20克，味精1克，花椒油25克。

🥘 制作方法

1. 将豆腐干洗净，切细丝，放入碗内，用沸水浸泡，使之变软，捞出，用凉开水浸凉，沥净水分，码在盘内；将白菜心洗净，切细丝，用沸水焯烫一下，取出晾凉，放入豆腐干丝盘中；香菜洗净，切段，放白菜心的上面。
2. 取一只碗，放入甜面酱、盐、味精，浇上热胡麻油，将味汁倒进豆腐干丝盘内拌匀即成。

白菜心拌豆腐干

香椿苗拌豆腐皮

🦀 原料

豆腐皮100克，香椿苗150克，红椒丝10克。

🍴 调料

盐、味精各3克，香油适量 。

🥘 制作方法

1. 豆腐皮洗净，切丝；香椿苗洗净。
2. 将豆腐皮丝、香椿苗、红椒丝分别入开水锅中焯烫后取出沥干。
3. 将备好的材料同拌，调入盐、味精、香油拌匀即可。

小提示

白菜心拌豆腐干
● 具有润肠排毒、护肤养颜、抗血栓的功效。

香椿苗拌豆腐皮
● 具有防止血管硬化、预防心血管疾病、保护心脏、促进骨骼发育的功效。

原料

烤麸、花生米各适量。

调料

盐、料酒、红椒片、香菜、木耳、酱油、
白砂糖、香油各适量。

制作方法

① 烤麸切方块；花生米洗净备用。将所
有原材料放入水中焯熟，装盘。
② 炒锅下油烧热，加入盐、料酒、酱
油、白砂糖和水，先用旺火烧开，再
用中火收汁，下香油，炒匀出锅淋在
烤麸上再铺上红椒片、木耳、香菜叶
点缀即可。

小提示

三宝烤麸
● 具有和中益气、解热、止烦渴的功效。

八珍豆腐
● 具有和胃、健脾、润肺止咳、补气、止血的功效。

原料

盒装豆腐、皮蛋、咸蛋黄各1个，榨菜20
克，松仁、肉松各适量，红椒2个，葱1根。

调料

生抽、盐、糖、胡椒粉、麻油适量。

制作方法

① 豆腐切块，烫熟，放入盘中。
② 皮蛋去壳切丁，咸蛋黄切碎，榨菜切
碎，和松仁、肉松一起拌入豆腐中。
③ 红椒、葱切碎与生抽、盐、糖、胡椒
粉、麻油调匀，淋入盘中。

🍲 原料

云丝豆腐皮250克,熟芝麻5克。

🍴 调料

盐2克,香油、辣椒粉、姜各5克。

🥄 制作方法

1. 锅上火,注水适量,水开后放入云丝豆腐皮,煮约10分钟至豆腐皮变软,姜洗净切末。
2. 取出豆腐皮,用凉开水冲洗,沥干水分。
3. 将切好的原材料、调味料搅拌成糊状,抹在豆腐皮上即可。

炝拌云丝豆腐皮

小提示

炝拌云丝豆腐皮
● 具有护心、补钙的功效。

四喜豆腐
● 具有降糖、益气固脱、防治遗尿、保健关节、健骨疗伤、补钙健骨的功效。

🍲 原料

豆腐500克,皮蛋50克。

🍴 调料

香油10克,盐5克,葱、蒜各30克。

🥄 制作方法

1. 豆腐洗净,沸水中焯熟,沸水中下盐,使豆腐入味,捞起沥干,晾凉切成长条,装盘摆好。
2. 皮蛋剥去蛋壳切小块摆放,蒜去皮剁成蓉,葱洗净切成葱花。
3. 分别把蒜蓉、葱花摆放在豆腐上,淋上香油即可。

四喜豆腐

五香豆腐丝

 **原料**

豆腐丝150克，红椒丝、香菜叶少许。

 **调料**

盐5克，味精2克，香油3克，醋、生抽各5克，葱10克。

制作方法

① 豆腐丝洗净盛碟；葱洗净切丝。

② 将豆腐丝、红椒丝与调料拌匀，撒上香菜叶即可。

一品豆花

原料

豆腐400克，腌萝卜30克，皮蛋30克，红椒少许。

调料

盐3克，白糖3克，香油2克，味精少许，葱10克。

制作方法

① 豆腐用水焯过切块；腌萝卜、皮蛋、红椒洗净切丁；葱洗净切段。

② 用盐、味精、白糖、香油调成汤汁，浇在豆花上，再撒上腌萝卜丁、皮蛋丁、红椒、葱段即可。

小提示

五香豆腐丝
● 具有降血压、强身健体的功效。

一品豆花
● 具有养颜、抗衰老、降低血脂的功效。

🐷 原料

小葱50克，水豆腐150克，红椒30克。

🍴 调料

生豆油15克，盐、味精各适量。

🍲 制作方法

1. 将小葱、红椒择洗干净，顶刀切成罗圈丝。
2. 水豆腐切丁，用开水烫一下，再加凉水凉透，沥干水分备用。
3. 将豆腐丁装盘，撒上盐、味精，再放上葱花、红椒，浇上生豆油拌匀即可。

小葱拌豆腐

香葱老豆腐

🐷 原料

北豆腐、青豆适量。

🍴 调料

香葱、花椒油、盐、蒜、姜适量。

🍲 制作方法

1. 将蒜、姜切丁，豆腐切成方形薄块，烧制成表面呈黄色，将青豆提前浸泡后放入开水中焯熟，备用。
2. 用盐、花椒油将香葱、蒜、姜调和后，浇于豆腐和青豆上即可。

小提示

小葱拌豆腐
● 具有清热祛痰、促进食欲、抗菌抗病毒的功效。

香葱老豆腐
● 具有开胃消食、解暑、健脾养脾、降血脂、提高免疫力的功效。

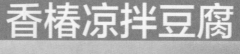

原料

豆腐300克，香椿适量，红椒1个。

调料

香油、盐、蒜蓉均适量。

制作方法

1. 将豆腐切成方块，装盘备用。将红椒洗净，去蒂，去籽，切段。
2. 热锅下油，放入香椿炒出香味后捞出。
3. 将炒好的香椿和红椒段及所有调料撒在豆腐上轻拌即可。

小提示

香椿凉拌豆腐
● 具有和中益气、解热、止烦渴的功效。

青椒拌豆腐丝
● 具有缓解疲劳、增加食欲、帮助消化、清热润肺的功效。

原料

青、红椒各250克，豆腐皮400克。

调料

盐3克，香油2克，味精2克。

制作方法

1. 将青、红椒去蒂，去籽，洗净，然后切成细丝；豆腐皮洗净，切成细丝。
2. 将青、红椒丝与豆腐皮丝分别放入热水中焯一下后捞出，沥干水分后倒入盘子里，加入适量香油、盐、味精拌匀装盘即可。

Menu

🐷 原料

益民豆腐250克，木鱼花15克。

🍴 调料

香油10克，姜、葱各5克。

🍳 制作方法

① 豆腐切成块，摆入盘中；葱择洗净切段；姜切末。
② 木鱼花、葱、姜末夹在豆腐上，淋上香油即可食用。

日式冷豆腐

小提示

日式冷豆腐
● 具有美容、滋阴补肾、清热解毒的功效。
黄金白果
● 具有抗衰老、保护肝脏、防治心血管疾病的功效。

🐷 原料

白果200克，柠檬30克。

🍴 调料

冰糖20克。

🍳 制作方法

① 白果洗净，柠檬去两头、切片，冰糖拍细碎备用。
② 净锅上火，注适量清水，待沸，放入洗净的白果肉，焯熟，捞出沥干水分。
③ 净锅上火，放冰糖，加少许水，倒入白果及三四片柠檬片，搅拌均匀，至糖溶化，盛出装盘即可。

黄金白果

香菜拌竹笋

🍲 原料

竹笋300克，香菜80克，红椒丝15克。

🍴 调料

盐2克，醋、香油各适量。

🥄 制作方法

1. 竹笋洗净，切条；香菜洗净，切段。
2. 将竹笋下入沸水锅中焯熟，捞出沥干装盘。
3. 放入香菜段，加盐、醋、香油、红椒丝拌匀即可。

花生拌菠菜

🍲 原料

菠菜300克，花生米50克。

🍴 调料

盐、味精各3克，香油适量，食用油少许。

🥄 制作方法

1. 将菠菜去根洗净，入开水锅中焯水后捞出沥干；将花生米洗净。
2. 油锅烧热，下花生米炸熟。
3. 将菠菜、花生米同拌，调入盐、味精拌匀，淋入香油即可。

> **小提示**
>
> 香菜拌竹笋
> ● 具有开胃健脾、通肠排便的功效。
> 花生拌菠菜
> ● 具有延缓衰老、健脑益智的功效。

🦐 原料

豆角180克，红椒5克。

🍴 调料

盐3克，味精2克，酱油、红油各10克。

🥘 制作方法

1. 豆角去筋，洗净，切成段，放入开水中烫熟，沥干水分，装盘。
2. 红椒洗净，切成丝，放入水中焯一下，放在豆角上。
3. 将盐、味精、酱油、红油调匀，淋在豆角上即可。

家乡豆角

爽口蕨根粉

🦐 原料

蕨根粉180克，青、红椒各5克。

🍴 调料

盐3克，味精2克，生抽、香油各15克，油适量。

🥘 制作方法

1. 蕨根粉洗净，用水煮开5分钟，捞出，过一下凉开水；青、红椒洗净，切段。
2. 油锅烧热，放入青、红椒段，下盐、生抽、香油、味精，制成调味汁。将调味汁淋在蕨根粉上，拌匀即可。

小提示

家乡豆角
● 具有健脾和胃、增进食欲、消暑、清口的功效。

爽口蕨根粉
● 具有滑肠通便、清热解毒、消脂降压、降气化痰的功效。

🐷 原料

腰果500克。

🎐 调料

盐5克，油适量。

🥢 制作方法

1. 将腰果放在凉水中泡几分钟，捞出。
2. 锅上火，加油烧沸，下入腰果炸至酥脆，捞出沥油。
3. 在腰果内加入盐，拌匀即可。

香脆腰果

小提示

香脆腰果
● 具有润肠通便、润肤美容、延缓衰老的功效。

金瓜莲子
● 具有降糖、安神、养胃、消炎、降压的功效。

🐷 原料

南瓜300克，莲子30克。

🎐 调料

蜂蜜适量。

🥢 制作方法

1. 南瓜切开，去瓤、削皮，切成薄片，把切好的南瓜铺在盘子里。
2. 莲子用清水泡一会儿，洗净、控水，莲子去芯，上面摆放莲子，开锅蒸20分钟。
3. 取出，稍晾凉后淋上蜂蜜即可。

金瓜莲子

🍲 原料

芥蓝500克，胡萝卜50克。

🍴 调料

食盐3克，生抽5克，植物油、蒜蓉适量。

🍳 制作方法

1. 将芥蓝去除表皮、胡萝卜洗净均切片，放入沸水锅中，滴入少许植物油和食盐，焯一下捞出，投入冷水置凉，沥干水分备用。
2. 锅内倒油后放入蒜蓉爆香后盛出，与芥蓝、胡萝卜片搅拌，加入食盐、生抽调味，装盘即可。

蒜蓉芥蓝片

小提示

蒜蓉芥蓝片
● 具有降血压、养心、养肝、软化血管的功效。

水晶粉丝
● 具有健脑益智、保肝、延年益寿、美容护肤的功效。

🍲 原料

粉丝150克，胡萝卜10克，黄瓜10克，圣女果10克。

🍴 调料

盐3克，香油适量。

🍳 制作方法

1. 粉丝洗净，放入加盐、油的开水中烫熟，捞出，晾干水分，切成段，盛盘。
2. 胡萝卜去皮，洗净，切片；黄瓜洗净、切片，圣女果洗净，切丁，摆盘，淋上香油即可。

水晶粉丝

酸辣凉粉

🍲 原料

凉粉400克，熟花生米200克。

🍴 调料

香油、红油、生抽各5克，盐、味精、白糖各3克，醋8克，老干妈适量，葱、姜、蒜各10克。

🍳 制作方法

① 凉粉洗净后切成四方的丁状。
② 葱洗净，切葱花；蒜去皮，切末；姜去皮，切丝，再放入凉粉。
③ 取一小碗装入熟花生米及所有调味料，调匀后，淋于凉粉上，再淋少许香油即可。

四川凉粉

🍲 原料

四川凉粉200克，熟花生米20克。

🍴 调料

盐4克，味精、糖各2克，醋、酱油各5克，红油8克，上汤100克，葱10克。

🍳 制作方法

① 先将葱切成葱花，凉粉切成条，装盘备用。
② 锅中放入少许上汤，调入盐、味精、糖、醋、酱油、红油搅成汁。
③ 用已调好的汁倒在凉粉上，再撒上葱花、熟花生米拌匀即可。

> **小提示**
>
> 酸辣凉粉
> ● 具有降血脂、增加抵抗力的功效。
>
> 四川凉粉
> ● 具有润燥消火、清热解毒的功效。

🍲 原料

凉粉500克。

🍴 调料

盐4克，味精2克，酱油8克，熟芝麻10克，葱花15克，豆豉25克，红油适量。

🥄 制作方法

1. 凉粉洗净切条，入沸水中稍烫捞出。
2. 油锅烧热，放入豆豉、盐、味精、酱油、红油炒成调味汁。
3. 将调味汁淋在凉粉上，撒熟芝麻、葱花即可。

水晶凉粉

麻辣川北凉粉

🍲 原料

川北凉粉300克，红椒50克。

🍴 调料

老干妈豆豉、郫县豆瓣、蒜泥各15克，香辣酱10克，花椒面8克，味精2克，红油25克，葱花5克。

🥄 制作方法

1. 锅内加水烧沸，下入凉粉条稍焯后捞出，装入碗内；红椒洗净，去蒂，去籽，切丁备用。
2. 凉粉条内加入红椒丁、葱花和所有调味料一起拌匀即可。

小提示

水晶凉粉
● 具有清热、减肥、增加食欲、促进吸收的功效。

麻辣川北凉粉
● 具有清热、减肥、促消化的功效。

米凉粉

🐻 原料

米凉粉300克，芹菜末、芽菜末各适量。

🍴 调料

豆豉、郫县豆瓣、老抽、葱花、蒜泥各15克，鸡精、白糖、十香粉、水淀粉、花椒粉少许，香醋10克，红油2大勺，生抽5克。

🥄 制作方法

1. 锅放少许油，稍热放入剁细的豆豉、郫县豆瓣炒香，再加入老抽、生抽、十香粉、花椒粉、鸡精、糖炒匀，加少许开水，用水淀粉勾芡即成卤汁。
2. 米凉粉洗后切粗条放入开水锅烫热盛入盘里，上面淋卤汁、红油、醋、蒜泥、芽菜末、芹菜末、葱花即可。

小提示

米凉粉
● 具有清热解毒、减肥的功效。

菠菜粉丝
● 具有抗衰老、促进生长发育、增强抗病能力的功效。

菠菜粉丝

🐻 原料

菠菜400克，粉丝200克，彩椒30克。

🍴 调料

盐4克，味精2克，酱油8克，红油、香油各适量。

🥄 制作方法

1. 菠菜洗净，去须根；彩椒洗净切丝；粉丝用温水泡发备用。
2. 将备好的材料放入开水中稍烫，捞出，菠菜切段。
3. 将所有的材料放入容器，加酱油、盐、味精、红油、香油拌匀，装盘即可。

🍲 原料

芥蓝250克、粉丝200克，红椒丁20克。

🍴 调料

食盐、蒜蓉、葱花、香油适量。

🍳 制作方法

1. 将芥蓝去除表皮，洗净切段，放入沸水锅中，焯一下捞出，投入冷水置凉，沥干水分铺盘。
2. 粉丝用温水泡发好，切成段，平铺在芥蓝上。
3. 蒜蓉入锅炸成金黄，铺在粉丝上，撒上红椒丁和葱花、食盐调味，淋上香油即可。

蒜蓉粉丝芥蓝

小提示

蒜蓉粉丝芥蓝
● 具有凉血解毒、除热利肠的功效。

凉拌蕨根粉
● 具有滑肠通便、清热解毒、降气化痰、帮助睡眠的功效。

🍲 原料

厥根粉300克，菠菜30克，红椒丝20克。

🍴 调料

盐3克，味精1克，醋5克，老抽10克。

🍳 制作方法

1. 锅内注水烧沸，放入厥根粉焯熟后，捞起晾干装入盘中，再放入菠菜、红椒丝。
2. 加入盐、味精、醋、老抽拌匀即可。

凉拌蕨根粉

爽口魔芋结

🐨 原料

魔芋结500克，香菜叶30克。

🍴 调料

红椒5克，盐3克，酱油5克，生抽10克，味精2克，醋10克。

🍶 制作方法

1. 魔芋结洗净，放入开水中焯一下，捞出，沥干水分，装盘。红椒洗净切丁。
2. 盐、酱油、生抽、味精、醋调成味汁。将味汁淋在魔芋结上，撒上红椒、香菜叶即可。

五彩魔芋丝

🐨 原料

魔芋、红椒、青椒、紫甘蓝适量。

🍴 调料

盐、鸡精、醋、辣椒油、葱、姜适量。

🍶 制作方法

1. 将魔芋，紫甘蓝切成丝放入锅中焯一下捞出过凉控水备用，青红椒切成丝，葱姜切末。
2. 将切好的配料同魔芋一起放入器皿中，加入盐、鸡精、醋、辣椒油搅拌均匀即可食用。

> **小提示**
>
> 爽口魔芋结
> ● 具有活血化瘀、解毒消肿的功效。
> 五彩魔芋丝
> ● 具有解毒消肿、化痰软坚、排毒的功效。

🥢 原料

豌豆凉粉400克，花生米50克，芹菜50克。

🍴 调料

辣椒酱、酱油、蒜末、姜末各20克，香油10克。

🍲 制作方法

1. 豌豆凉粉洗净，放开水中焯熟捞起沥水，切块装盘。
2. 花生米炒熟压碎；芹菜洗净切成条。锅下油炒热，下花生米、芹菜和各种调味料炒匀，然后盛出放在凉粉上即可。

傣味酸辣豌豆凉粉

一品凉粉

🥢 原料

凉粉300克，红椒30克。

🍴 调料

盐3克，味精1克，醋5克，葱、香油各适量。

🍲 制作方法

1. 将红椒去蒂，去籽，洗净，切段；凉粉切条，放入盘中，加入盐、味精、醋、香油拌匀。
2. 撒上葱段、红椒段即可。

小提示

傣味酸辣豌豆凉粉
● 具有增强机体免疫功能、消暑解渴的功效。
一品凉粉
● 具有清热解毒、和胃、消食、除烦的功效。

原料

凉皮250克，红椒适量。

调料

生抽、盐、糖、姜、蒜、胡椒粉、小葱、芝麻油适量。

制作方法

1. 把凉皮卷起来，切成条，冲洗，然后用水煮一分钟，捞出，晾凉。
2. 把小葱切成小段，姜、蒜、红椒切成末。
3. 把姜、蒜、红椒末、生抽、盐、糖、胡椒粉放进凉粉中，拌均，最后浇上芝麻油即可。

小葱凉皮

小提示

小葱凉皮
● 具有减肥、排毒、降糖、抗衰老、健脑的功效。

炸豆腐拌粉条
● 具有和胃、健脾、润肺止咳、补气、止血的功效。

原料

油炸豆腐150克，菠菜80克，粉条50克。

调料

红油、醋、酱油、盐、味精各适量。

制作方法

1. 将油炸豆腐洗净，切丝；菠菜洗净，去根；粉条泡发。
2. 锅中加水烧沸，下入菠菜、粉条分别烫熟后，与油炸豆腐丝一起装盘。
3. 将所有调味料一起拌匀，浇入盘中即可。

炸豆腐拌粉条

🐷 原料

米线200克，黄瓜、红椒、香菜叶适量。

🍴 调料

盐、陈醋各3克，味精、生抽、芝麻油、姜末、蒜泥各2克，白糖、油各4克，花生米、葱花各5克。

🥄 制作方法

① 米线用开水烫过之后晾凉，黄瓜切成丝。

② 盐、味精、白糖、陈醋、生抽、芝麻油、姜末、蒜泥调成味汁。

③ 把调好的味汁浇到晾凉的米线和黄瓜丝上，放入油、红椒、花生米、葱花、香菜叶即可。

凉米线

小提示

凉米线
● 具有补脾、和胃、清肺、益气、养阴、润燥的功效。

酸辣粉丝
● 具有养胃生津、除烦解渴、利尿通便、清热解毒的功效。

🐷 原料

粉丝500克，娃娃菜200克，红椒末、青椒末各3克。

🍴 调料

醋5克，盐6克，酱油4克，味精3克，红油8克，蒜5克，葱3克。

🥄 制作方法

① 将粉丝放入开水中泡软，切段，蒜剁成蓉，葱切成末；将娃娃菜放入沸水锅中焯一下，捞出沥干。

③ 将盐、醋、酱油、味精放入粉丝和娃娃菜中拌匀，再撒上蒜蓉、葱末、青椒末、红椒末、淋上红油即可。

酸辣粉丝

东北大拉皮

🐨 原料

拉皮、心里美萝卜、黑木耳、胡萝卜、黄瓜、红尖椒碎各适量。

🎚 调料

葱花、香油各20克，盐5克，味精3克，香醋10克。

🍳 制作方法

1. 拉皮、心里美萝卜、黄瓜、黑木耳、胡萝卜均洗净切丝。
2. 所有原材料焯熟，沥干，装盘。
3. 撒上红尖椒碎和葱花，把其他调料放进碗中拌匀用作蘸料。

爽口双丝

🐨 原料

萝卜150克，豆皮100克，柠檬1个，青、红椒30克。

🎚 调料

盐、味精、香油、生抽各适量。

🍳 制作方法

1. 萝卜、豆皮、青红椒均洗净，切丝，入水焯熟，柠檬洗净切片，以上食材装盘。
2. 把盐、味精、香油、生抽调成味汁，淋在装原材料的盘中即可。

> **小提示**
> 东北大拉皮
> ● 具有健脑、抗衰老、瘦身的功效。
> 爽口双丝
> ● 具有清热解毒、健脾开胃、瘦身的功效。

🦐 原料

黄瓜600克，圣女果300克。

🎋 调料

白糖适量。

🍳 制作方法

① 黄瓜洗净，切段；圣女果洗净。
② 将白糖倒入装有清水的碗中，至完全融化。
③ 将黄瓜、圣女果投入糖水中腌渍30分钟，取出摆盘即可。

黄瓜圣女果

蒜泥拍黄瓜

🦐 原料

黄瓜1根，红椒20克。

🎋 调料

蒜、盐、味精、香油适量。

🍳 制作方法

① 将蒜去皮洗净，放入碗中加少许盐，捣碎，制成蒜泥；红椒洗净切片。
② 黄瓜洗净，用刀拍散切成小块，放蒜泥、红椒片拌匀，加入少许盐、味精调味，淋上香油即可。

小提示

黄瓜圣女果
● 具有抗衰老、健胃消食、减肥强体的功效。

蒜泥拍黄瓜
● 具有减肥、排毒、降糖、抗衰老、健脑的功效。

原料

黄瓜200克，梨300克，樱桃10克。

调料

白糖适量。

制作方法

1. 黄瓜去皮，洗净，切薄条；梨去皮，洗净，切块。
2. 将白糖倒入装有清水的碗中，至完全融化，淋在黄瓜、梨上，用樱桃点缀即可。

黄瓜梨爽

小提示

黄瓜梨爽
● 具有瘦身美颜、促进消化、清热消暑的功效。

黄瓜拌面筋
● 具有排毒瘦身、降糖、抗衰老、润肠、健脑的功效。

原料

黄瓜150克，面筋180克，胡萝卜25克。

调料

盐、味精、生抽、红油各适量。

制作方法

1. 黄瓜、面筋洗净，切薄片，分别放入开水中烫熟，沥干水分，装盘；胡萝卜洗净，切花片，放入水中焯一下。
2. 盐、味精、生抽、红油调成味汁。
3. 将黄瓜、面筋与味汁拌匀，撒上胡萝卜片即可。

黄瓜拌面筋

🏷 原料

大蒜80克，黄瓜150克。

🍴 调料

盐、香油各适量。

🥄 制作方法

1. 大蒜、黄瓜洗净切片。
2. 将大蒜片和黄瓜片放入沸水中焯一下，捞出待用。
3. 将大蒜片、黄瓜片装入盘中，将盐和香油搅拌均匀，淋在大蒜片、黄瓜片上即可。

香油蒜片黄瓜

小提示

香油蒜片黄瓜
● 具有清热解毒、保护肝脏、提高免疫力的功效。

蒜片炝黄瓜
● 具有清热解渴、利水、消肿的功效。

🏷 原料

黄瓜500克。

🍴 调料

干辣椒20克，植物油50克，香油10克，盐3克，味精3克，蒜30克。

🥄 制作方法

1. 黄瓜洗净，切成薄片，放开水中焯至断生，捞起沥干水分，装盘。
2. 蒜去皮，切成片；干辣椒洗净，切小段。
3. 锅烧热下油，放干辣椒、蒜片，炝香，盛出与其他调料拌匀，淋在黄瓜片上即可。

蒜片炝黄瓜

功夫黄瓜

🥘 原料

黄瓜250克，韭菜50克，洋葱60克。

🍴 调料

红辣椒粉10克，糖15克，咸虾酱、盐、大葱、蒜瓣各适量。

🍲 制作方法

① 黄瓜洗净，切长段，纵向穿孔，然后撒上盐腌渍数小时；将洋葱、大葱、大蒜剁细，韭菜切成小段。
② 将辣椒粉和热水放在研钵中，加入咸虾酱、韭菜、葱末、蒜末、洋葱末、糖、盐，拌匀。
③ 将黄瓜内的水挤出，将调好味的辣椒酱塞在黄瓜的切口处。

酱黄瓜

🥘 原料

黄瓜400克，红辣椒丝适量。

🍴 调料

粗盐5克，酱油15克，糖10克，大葱、蒜瓣各10克，芝麻油、芝麻仁各适量。

🍲 制作方法

① 在黄瓜上撒盐，腌渍10天。
② 将腌好的黄瓜切块，并用水冲洗去除其咸味。
③ 将酱油和糖入锅煮沸，冷却后淋在黄瓜上，浸渍一夜。
④ 将第3步中的水倒出，将剩下的调味料拌在黄瓜上。

小提示

功夫黄瓜
● 具有健脑安神、强身健体的功效。

酱黄瓜
● 具有健脾开胃、清热的功效。

🐻 原料

黄瓜600克，泡菜300克。

🍴 调料

盐、葱末、蒜泥、姜末、辣椒酱各适量。

🫙 制作方法

① 黄瓜腌在盐水里2小时左右，用筛子过滤晾30分钟后切段，竖起，在上面切十字。
② 将泡菜切成末，加入盐、葱末、蒜泥、姜末、辣椒酱拌成馅。
③ 将泡菜馅塞进黄瓜切口中，摆盘即可。

小黄瓜泡菜

京糕梨丝

🐻 原料

梨80克，京糕80克。

🍴 调料

白砂糖10克。

🫙 制作方法

① 梨洗净，去皮，去核，去籽，切成细丝，入开水中烫熟，放入盘底。
② 京糕切成丝，倒在梨丝上。
③ 将白砂糖撒在京糕丝、梨丝上即可。

小提示

小黄瓜泡菜
● 具有清热利水、解毒消肿、生津止渴的功效。

京糕梨丝
● 具有开胃、润肠、润肺、降压的功效。

原料

雪梨500克，红葡萄酒200克。

调料

朱古力屑、冰糖各适量。

制作方法

1. 将雪梨放入锅中，加水烧开，放冰糖，炖4小时。
2. 将炖好的雪梨捞出放在碗中，再将红葡萄酒汁倒在雪梨上，撒上朱古力屑即可。

红酒浸雪梨

小提示

红酒浸雪梨
● 具有美容、化痰、利尿、解暑、润肺、降压的功效。

京糕雪梨
● 具有清心润肺、滋润肌肤、消炎降火、解毒、开胃的功效。

原料

雪梨80克，京糕80克。

调料

蜂蜜10克。

制作方法

1. 雪梨、京糕、蜂蜜提前放冰箱，冷藏2小时以上。
2. 雪梨洗净，去皮，去核，去籽，切成薄片，放入开水中烫熟，摆在盘底；京糕切片，整齐放在雪梨上。
3. 在雪梨和京糕上淋入蜂蜜即可。

京糕雪梨

🐻 原料

雪梨400克，橙子500克，圣女果、香菜叶少许。

🍴 调料

白糖20克。

制作方法

① 雪梨去皮，从中间切开，去核，切片，入开水中焯一下，用水冲凉，控干水分，入碗。
② 橙子去皮，挤汁，加入白糖拌匀。
③ 将橙汁加入碗中，浸泡雪梨48小时，圣女果、香菜叶点缀即可。

鲜橙醉雪梨

小提示

鲜橙醉雪梨
● 具有清热解暑、开胃消食、润肺止咳、行气化痰的功效。

红酒蜜梨
● 具有美容、化痰、利尿、解暑、润肺、降压的功效。

🐻 原料

梨400克，橙子50克。

🍴 调料

红葡萄酒、蜂蜜、白糖各适量。

制作方法

① 梨去皮，去核，洗净，切片，将橙子切片码盘。
② 锅置火上，倒入红葡萄酒、蜂蜜、白糖烧开，下梨同煮至梨上色，取出装盘即可。

红酒蜜梨

冰糖芦荟

🧊 原料

芦荟、西红柿、香菜末各适量。

🍴 调料

冰糖100克。

🍳 制作方法

1. 芦荟去皮切块；西红柿洗净切丁。
2. 将芦荟在开水中稍烫，捞出，沥水放入容器中；冰糖放入水中，置火上熬化，待凉后浇在芦荟上，搅拌均匀，撒上西红柿丁、香菜末即可。

双味芦荟

🧊 原料

芦荟200克，黄瓜适量。

🍴 调料

蜂蜜、盐、芥末、酱油、味精各适量。

🍳 制作方法

1. 芦荟洗净，去皮切块，黄瓜洗净切片，入加蜂蜜的水中焯一下，捞出。
2. 将蜂蜜加温水调匀，做成甜味碟，将盐、酱油、味精调匀，装入味碟，挤上芥末，做成辣味碟；甜味碟与辣味碟同时上桌，按个人喜好供蘸食。

小提示

冰糖芦荟
● 具有增强抵抗力、清热解暑的功效。

双味芦荟
● 具有解毒排毒、抗菌的功效。

🐨 原料

芦荟400克，西瓜80克，冰块300克，粉圆20克。

🍴 调料

冰糖50克。

🫖 制作方法

① 芦荟洗净去皮，西瓜去皮切块；冰糖放入清水，在火上熬化，装入冰盆中。

② 将芦荟放入开水中稍烫，捞出，与西瓜块放入装有冰块和冰糖水的冰盆中。加入粉圆，冰镇即可。

冰镇芦荟

清爽木瓜

🐨 原料

木瓜300克，黄瓜100克。

🍴 调料

番茄酱20克，橙汁50克，朱古力屑适量。

🫖 制作方法

① 木瓜洗净，切开，用挖球器挖成球状；黄瓜洗净，切薄片，同木瓜一起装盘。

② 将番茄酱和橙汁淋在木瓜上。

③ 再撒上朱古力屑即可。

小提示

冰镇芦荟
- 具有美容养颜、湿润美容、解毒的功效。

清爽木瓜
- 具有延缓衰老、美容护肤的功效。

🎀 原料

罐头黄桃100克，芦荟80克，枸杞5克。

🍴 调料

白糖15克，醋10克。

🥄 制作方法

1. 芦荟洗净，去皮，切成小块，入加糖的开水中稍烫，捞出，摆放在盘中。
2. 把黄桃片整齐地摆放在芦荟旁边。
3. 将醋、白糖调匀，淋在芦荟、黄桃上，撒上枸杞即可。

黄桃芦荟

小提示

黄桃芦荟
● 具有通便、降血糖、血脂，延缓衰老、提高免疫力的功效。 ⬆

黄桃芦荟黄瓜
● 具有湿润美容、抗衰老、增强体质、健脑安神的功效。 ⬇

🎀 原料

罐头黄桃80克，芦荟200克，黄瓜20克，红枣10克，圣女果适量。

🍴 调料

白糖15克。

🥄 制作方法

1. 芦荟洗净，去皮，切成小丁；红枣、圣女果洗净；黄瓜洗净，切片。
2. 锅中加水烧开，放入芦荟、白糖煮15分钟，装入碗中。
3. 把黄桃片、红枣、圣女果、黄瓜摆放在芦荟上即可。

黄桃芦荟黄瓜

原料

葡萄200克。

调料

糖5克，蜂蜜少许。

制作方法

1 葡萄洗净去皮，放入盘中。
2 用糖、蜂蜜与少许开水调成汁，浇在葡萄上。
3 将葡萄放入冰箱冷冻10分钟取出即可。

冰冻葡萄球

小提示

冰冻葡萄球
● 具有健脾和胃、抗衰老、缓解低血糖的功效。
红枣黄桃
● 具有延缓衰老、提高免疫力的功效。

原料

红枣100克，黄桃80克。

调料

白糖、朱古力屑各适量。

制作方法

1 红枣以温水泡发；黄桃去皮洗净，切片，摆入盘边。
2 锅置火上，加适量清水，加入白糖烧开，下红枣同煮至呈浓稠状时，装入盘中。
3 再撒上朱古力屑即可。

红枣黄桃

桂花莲枣

🍲 原料

红枣100克，莲子50克。

🍴 调料

桂花蜜80克。

🍳 制作方法

1. 红枣以温水泡发；莲子去心，洗净，与红枣分别入沸水中煮熟后捞出。
2. 将莲子、红枣同入桂花蜜中拌匀，取出装盘即可。

红枣莲子

🍲 原料

红枣100克，莲子50克，圣女果10克。

🍴 调料

蜂蜜80克。

🍳 制作方法

1. 红枣以温水泡发；莲子去心，洗净，与红枣分别入沸水中煮熟后捞出。
2. 将莲子、红枣同入蜂蜜中拌匀，取出装盘，放上圣女果即可。

> **小提示**
>
> **桂花莲枣**
> ● 具有滋养补虚、止遗涩的功效。
> **红枣莲子**
> ● 具有养血安神、补脾益气的功效。

原料

糯米粉50克，红枣200克。

调料

糖20克，蜂蜜20克。

制作方法

1. 红枣洗净去核；糯米粉用凉水和成面团，搓成团，用刀切成与枣大小相同的段，取枣将糯米段逐一塞入口内。
2. 将塞入米粉的红枣放入蒸锅蒸熟后，取出放入盘中。
3. 将糖、蜂蜜与凉开水调成的汁浇在枣上面即可。

蜜汁醉枣

糯米红枣

原料

红枣300克，糯米粉150克。

调料

白糖10克，淀粉5克。

制作方法

1. 红枣洗净晾干，取出枣核。
2. 糯米粉用温热水和白砂糖搅拌成粉团，填进切开口的红枣里捏合，蒸锅里放水煮开，放进糯米枣，蒸15分钟后取出。
3. 用淀粉加水、白砂糖煮成芡汁，淋在红枣上即可。

小提示

蜜汁醉枣
- 具有提高人体免疫力、益智健脑、增强食欲的功效。

糯米红枣
- 具有利尿、消炎、降血压、缓解溃疡、益肠道的功效。

🍲 原料

红枣300克。

🍴 调料

白糖50克。

🥄 制作方法

① 红枣择洗干净，入水中泡至发胀。

② 锅上火，加油烧热，下入白糖炒成糖水后，下入红枣熬至糖分干掉，取出，摆入盘中即可。

小提示

蜜汁红枣
● 具有健脾益胃、补气养血、增强免疫力的功效。

麻辣蹄根
● 具有益气补虚、延缓衰老的功效。

🍲 原料

蹄根30克，青红椒20克。

🍴 调料

辣椒油、盐、鸡精、花椒、白醋、蒜、姜、葱段、辣椒粉各适量。

🥄 制作方法

① 取一只碗，倒入开水，放入蹄根，加葱段、白醋，浸泡约30分钟至泡发，捞出。

② 将泡发的蹄根切小段，装入碗中，姜、蒜去皮，切末，青红椒切段。

③ 碗内加入青红椒段和盐、鸡精、辣椒油、花椒、姜、蒜末拌匀，装盘即可。

原料

山药400克。

调料

白糖10克。

制作方法

① 山药去皮洗净，切成片。

② 锅内注水，旺火烧开后，将山药片放入开水中焯一下，捞出排入盘中。

③ 撒上白糖，放入冰箱中冰镇后取出即可。

冰脆山药片

小提示

冰脆山药片
● 具有健脾和胃、抗衰老、缓解低血糖的功效。

桂花山药
● 具有延缓衰老、提高免疫力的功效。

原料

桂花酱50克，山药250克。

调料

白糖50克。

制作方法

① 山药去皮，洗净，切片，入开水锅中焯水后，捞出沥干。

② 锅上火，放清水，下白糖、桂花酱烧开至成浓稠状味汁。

③ 将味汁浇在山药片上即可。

桂花山药

酱汁山药

🍲 原料

山药350克。

🍴 调料

橙汁、番茄酱各适量。

🍳 制作方法

1. 山药去皮，切块，入开水锅中煮熟后捞出，再反复换凉水泡凉，摆入盘中。
2. 将橙汁与番茄酱搅匀，淋在山药上即可。

辣拌土豆丝

🍲 原料

土豆500克，青、红辣椒各50克。

🍴 调料

盐5克，味精3克，醋10克，辣椒油30克，香油20克。

🍳 制作方法

1. 土豆去皮洗净，切丝；青、红辣椒均去蒂洗净，切丝；将土豆丝、青、红辣椒丝分别入水中焯熟。
2. 将盐、味精、醋、辣椒油、香油调成味汁，浇在土豆丝、辣椒丝上拌匀即可。

小提示

酱汁山药
● 具有健脾益胃、增强免疫的功效。

辣拌土豆丝
● 具有美容养颜、健脾利湿的功效。

柠檬冬瓜

🥘 原料

冬瓜500克。

🍴 调料

盐1克，白砂糖20克，柠檬汁、小番茄、味精少许。

🥄 制作方法

1. 冬瓜去皮去瓤，洗净切条。
2. 锅置火上，加适量清水，放入盐、少许味精，待水沸，下切好的冬瓜条焯一下，捞出沥干水分，装入碗中。调入柠檬汁、白砂糖、少许盐，码入小番茄点缀即可。

橙片瓜条

🥘 原料

冬瓜400克，橙子50克，圣女果适量。

🍴 调料

盐3克，柠檬汁200克，冰糖10克，香油适量。

🥄 制作方法

1. 将冬瓜去皮、去籽，洗净，切成粗条；橙子、圣女果洗净，切成薄片备用。
2. 锅中加水烧沸，下入冬瓜条焯至成熟，再捞出沥水备用。
3. 将冬瓜条、橙子片倒入盘中，调入盐、冰糖、柠檬汁、香油拌匀，点缀圣女果，入冰箱冰10分钟，取出即可。

小提示

柠檬冬瓜
● 具有清热解毒、润肤美容、化痰的功效。
橙片瓜条
● 具有清热化痰、治疗咳嗽感冒的功效。

🥘 原料

冬瓜300克，橙汁100克，红樱桃30克，香菜叶10克。

🍴 调料

糖30克，淀粉25克。

🍲 制作方法

① 冬瓜洗净，去皮，切条，入沸水中煮熟，捞出，沥干水分；红樱桃洗净备用。

② 橙汁加热，加糖，最后以水淀粉勾芡成汁，淋在冬瓜上，腌渍入味，红樱桃、香菜叶点缀。

橙香瓜条

小提示

橙香瓜条
● 具有减肥降脂、清热化痰、润肤美容的功效。

爽品瓜条
● 具有减肥降脂、护肾、清热化痰的功效。

🥘 原料

冬瓜150克。

🍴 调料

白糖5克，醋10克，橙汁25克，蜂蜜8克。

🍲 制作方法

① 冬瓜洗净，剖开，去瓤，切成小段，放入水中焯一下。

② 白糖、醋、橙汁拌匀盛盘中，放入冬瓜腌1个小时，捞出，沥干水分，装盘。

③ 蜂蜜加温水调匀，淋在冬瓜上即可。

爽品瓜条

🍲 原料

山药500克，橙汁100克，枸杞8克。

🍴 调料

糖30克，淀粉25克。

🍶 制作方法

1. 山药洗净，去皮，切条，入沸水中煮熟，捞出，沥干水分；枸杞稍泡备用。
2. 橙汁加热，加糖，最后用水淀粉勾芡成汁。
3. 将加工的橙汁淋在山药上，腌渍入味，放上枸杞即可。

橙汁山药

小提示

橙汁山药
● 具有补中益气、护肝、止泻的功效。

椒丝拌土豆
● 具有和胃、调中、健脾、益气的功效。

🍲 原料

土豆300克，彩椒150克。

🍴 调料

盐10克，香油、味精、干辣椒各少许。

🍶 制作方法

1. 土豆去皮、洗净，切成丝，放在水中浸泡；彩椒去蒂、去籽，洗净，切成丝。
2. 锅放火上，加水烧沸，把土豆丝、彩椒丝一并放入沸水中略烫，捞出，用凉开水过冷，沥干水分，倒入盆中。
3. 加入辣椒、食盐、香油、味精，拌匀装盘，即可食用。

椒丝拌土豆

冰镇西红柿

🍲 原料

西红柿250克。

🍴 调料

白糖20克。

🥄 制作方法

① 西红柿用开水烫泡片刻，捞出剥皮。

② 切成小块装盘，放入冰箱1~2小时待用。

③ 食用时，从冰箱里取出，撒上少许白糖，即成一道解酒、养颜小菜。

薄切西红柿

🍲 原料

西红柿400克，生菜30克。

🍴 调料

糖30克。

🥄 制作方法

① 西红柿洗净；生菜洗净，放盘中备用。

② 将西红柿放入开水中稍烫一下，捞出，去皮，切片。

③ 将切好的西红柿放在生菜上，糖装入小碟供蘸食。

> **小提示**
>
> **冰镇西红柿**
> ● 具有祛斑、抗衰老、消食、养血的功效。
>
> **薄切西红柿**
> ● 具有止血、降压、健胃消食的功效。

🍲 原料

圣女果500克。

🍴 调料

蜂蜜、白糖各适量。

🍳 制作方法

1. 圣女果洗净，去皮，入开水锅中焯水后捞出，沥干水分。
2. 将圣女果放入蜂蜜中拌匀后取出摆盘。
3. 撒上白糖即可。

蜜制圣女果

麻酱拌茄子

🍲 原料

嫩茄子500克，芝麻酱15克。

🍴 调料

盐5克，香油10克，米醋4克，味精、葱花少许，蒜泥5克。

🍳 制作方法

1. 将茄子洗净，削去皮，切成条，撒上一点盐，浸在凉水中，泡去茄褐色。
2. 芝麻酱放小碗内，先放少许凉开水搅拌，边搅拌，边徐徐加入凉开水，搅拌成稀糊状。
3. 将切好的茄子放碗内入蒸锅蒸熟，取出晾凉，再加入盐、味精、蒜泥、香油、芝麻酱、米醋拌匀，撒上葱花即可。

小提示

蜜制圣女果
● 具有祛斑、延年益寿、防癌、高血压、血栓、消食的功效。

麻酱拌茄子
● 具有补肾、润五脏、润燥滑肠的功效。

凉拌茄子

🐷 原料

茄子350克。

🎚 调料

盐、味精、白糖、醋、葱、蒜、红椒、
油、辣椒油各适量。

🍳 制作方法

1. 将茄子放入锅中煮熟，葱、蒜、红椒
   均切成末，备用。
2. 将煮熟的茄子放入碗中，用筷子扒开。
3. 油烧热后，加入辣椒油，熬成红油，装
   碗，加入盐、味精、醋、白糖、葱末、
   红椒末、蒜末调成味汁，淋于茄子上
   即可。

小提示

凉拌茄子
● 具有清心解暑、有助消化、抗衰老的功效。

剁椒茄条
● 具有防止出血、抗衰老的功效。

剁椒茄条

🐷 原料

茄子250克。

🎚 调料

红辣椒20克，葱30克，盐5克，味精3
克，红油20克，香油10克，芝麻10克。

🍳 制作方法

1. 茄子洗净，切成长条，放开水中焯
   熟，捞出沥干水分，装盘摆好。
2. 红辣椒洗净，剁碎；葱洗净，切成
   葱花。
3. 把辣椒末、葱花和其他调料拌匀，淋
   在茄条上即可。

🐾 原料

茄瓜300克，红辣椒10克。

🍴 调料

食油500克，盐2克，葱3克，蒜瓣5克，鸡精粉10克，酱油5克。

🍳 制作方法

1. 茄瓜去蒂托洗净，先切段，葱洗净切成葱花，红辣椒切丝。
2. 锅上火，注入油，烧至60~70℃，放入茄瓜炸约2分钟，捞出晾凉，盛入碗内，撒上红辣椒丝。
3. 入盐、鸡精粉、酱油、蒜瓣、葱花，搅拌均匀即可。

酱油捞茄

小提示

酱油捞茄
● 具有消肿止疼、治疗寒热、祛风通络、止血的功效。

凤尾拌茄子
● 具有抗衰老、清热安神、清肝利胆、宽肠的功效。

🐾 原料

茄子300克，莴笋叶50克，。

🍴 调料

盐3克，味精1克，醋8克，生抽10克，干辣椒少许，食用油适量。

🍳 制作方法

1. 茄子洗净，切条；莴笋叶洗净，用沸水焯过后，摆放盘中；干辣椒洗净，切丝。
2. 锅内注油烧热，下干辣椒，再放入茄子条炸至熟，捞起沥干，并放入摆有莴笋叶的盘中。
3. 用盐、味精、醋、生抽调成汤汁，浇在茄子上即可。

凤尾拌茄子

葱香茄子

🍲 原料

茄子200克。

🍴 调料

葱、蒜、酱油各10克，红辣椒3克，
盐、鸡精各4克。

🍳 制作方法

1. 将茄子去皮，洗净，切成小段，放入开水中烫熟；红辣
   椒洗净，切丝；葱洗净，切成末；蒜洗净，剁碎。
2. 油锅烧热，倒入酱油、盐、鸡精、蒜爆香，制成味汁。
3. 将味汁淋在茄子上，撒上红辣椒、葱末即可。

木耳核桃仁

🍲 原料

黑木耳100克，核桃仁100克，青椒适量，红辣
椒少许。

🍴 调料

盐3克，味精1克，醋6克。

🍳 制作方法

1. 黑木耳洗净泡发；青椒、红辣椒洗净，切菱
   形片，用沸水焯一下待用。
2. 注水烧沸，放入黑木耳焯熟，沥干放入盘
   中，再放入核桃仁、青椒片、红辣椒片。
3. 加入盐、味精、醋拌匀，即可。

小提示
葱香茄子
● 具有抗衰老、软化血管的功效。
木耳核桃仁
● 具有减肥、排毒、抗衰老、健脑的功效。

美味黑木耳

😊 **原料**

黑木耳300克。

🍴 **调料**

盐3克，味精1克，醋6克，生抽10克，葱适量，红辣椒少许。

🥄 **制作方法**

① 黑木耳洗净泡发；葱洗净，切成葱花；红辣椒洗净，切圈。

② 锅内注水烧沸，放入泡发的黑木耳焯熟后，捞起沥干装入盘中。

③ 加入盐、味精、醋、生抽拌匀，撒上葱花、红辣椒圈即可。

芥蓝拌核桃仁

😊 **原料**

芥蓝80克，核桃仁50克，红椒5克。

🍴 **调料**

盐3克，醋8克，生抽10克。

🥄 **制作方法**

① 芥蓝去皮，洗净，切成小片，入水中焯一下；红椒洗净，切成片。

② 将芥蓝、红椒、核桃仁装盘，淋上盐、醋、生抽，搅拌均匀即可。

小提示

美味黑木耳
● 具有利尿消炎，降糖、降血压、降血脂、养心、防中风、益肠道的功效。

芥蓝拌核桃仁
● 具有增强免疫力、延缓衰老、排毒、滋阴润燥的功效。

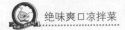

凉拌双耳

原料

黑木耳、银耳各90克，黄瓜、红椒少许。

调料

盐3克，味精1克，醋6克，生抽10克，大葱适量。

制作方法

1. 黑木耳、银耳泡发；黄瓜切斜块；红辣椒切片；大葱切丝。
2. 锅内注水烧沸，分别放入银耳、黑木耳焯熟后，分别装入盘中，再放入黄瓜、红辣椒片，中间用大葱丝隔开。
3. 用盐、味精、醋、生抽调成汁，浇在上面即可。

小提示

凉拌双耳
● 具有强身健体、减肥瘦身、排毒、保护肝脏，健胃的功效。

笋尖木耳
● 具有宽肠通便、强壮机体、减肥的功效。

笋尖木耳

原料

黑木耳250克，莴笋尖50克，红辣椒30克。

调料

醋10克，香油10克，盐、味精各3克。

制作方法

1. 将黑木耳洗净，泡发，切成大片，放入水中焯熟，捞起沥干水分。
2. 莴笋去皮洗净，切薄片；红辣椒洗净切小块，一起放入开水中焯至断生，捞起沥干水分。
3. 把黑木耳、莴笋片、红辣椒与调味料一起装盘，拌匀即可。

🦪 原料

野生木耳200克，香菜20克，红椒30克。

🍴 调料

香油10克，盐3克，味精3克，蒜30克。

🥄 制作方法

1. 野生木耳洗净，用温水泡发，切碎，放入开水中焯熟，捞起沥干水分，装盘晾凉。
2. 蒜去皮，切成片；红辣椒洗净，切小片；香菜洗净，切碎。
3. 锅烧热下油，放红辣椒、蒜片、香菜，炝香，盛出后与其他调味料拌匀，淋在木耳上即可。

蒜片野生木耳

小提示

蒜片野生木耳
● 具有清肠胃、预防心脑血管疾病的功效。
洋葱拌东北木耳
● 具有益智健脑、养胃通便、清肺益气、镇静止痛的功效。

🦪 原料

洋葱50克，东北黑木耳300克，红、青椒各适量。

🍴 调料

盐3克，味精1克，醋5克，生抽8克。

🥄 制作方法

1. 洋葱洗净，切成小块，用沸水焯过后待用；青、红椒洗净，切片，用沸水焯过后待用。
2. 锅内注水烧沸，加入黑木耳焯熟后，捞起放入盘中，再加入青、红椒片。
3. 加入盐、味精、醋、生抽拌匀即可。

洋葱拌东北木耳

姜汁时蔬

🐷 原料

空心菜400克，红椒适量。

🍴 调料

盐2克，香油5毫升，红油8毫升，味精2
克，醋10克，蒜末5克。

🍳 制作方法

1. 将空心菜洗净，入水中焯熟，捞出沥干后装盘；将红椒
   洗净切丝。
2. 向盘中加入盐、香油、红油、味精、醋、蒜末、红椒末
   拌匀即可。

冰浸芥蓝

🐷 原料

芥蓝250克，冰块适量，红椒少许。

🍴 调料

日本青芥辣5克，盐3克，鸡精粉2克，香油5毫
升，酱油4毫升。

🍳 制作方法

1. 取一大碗敲碎的冰块放入碗中备用。
2. 将芥蓝择洗干净，切去头尾，焯水，捞出，
   过凉水后沥干，装入碗内，加红椒和调味料
   拌匀，倒入装有冰块的碗中即可。

小提示
姜汁时蔬
● 具有清热凉血、降脂减肥的功效。

冰浸芥蓝
● 具有增进食欲、防止便秘的功效。

🐨 原料

小白菜200克，青豆100克，黄、红甜椒各适量。

🍴 调料

盐3克，味精1克，醋6克。

🍲 制作方法

1 小白菜洗净，撕成片，青豆洗净，黄、红甜椒洗净，切片，用沸水焯熟备用。
2 锅内注水烧沸，分别放入青豆与小白菜焯熟后，捞起装入盘中。
3 加入盐、味精、醋拌匀，撒上黄、红甜椒片即可。

青豆拌小白菜

凉拌红菜薹

🐨 原料

红菜薹500克。

🍴 调料

盐5克，味精3克，香油8克。

🍲 制作方法

1 红菜薹剥去外皮，择去老叶后洗净，切成小段。
2 锅加水烧沸，下入红菜薹段焯熟后，捞出，装入碗内。
3 红菜薹内加入所有调味料一起拌匀即可。

小提示

青豆拌小白菜
● 具有延缓衰老、健脾、清热的功效。

凉拌红菜薹
● 具有活血散瘀、利肠道、止血的功效。

原料

豆角280克，红椒20克。

调料

大蒜10克，香油5克，植物油5克，花椒2克，盐3克，味精2克。

制作方法

① 将豆角择洗干净，红椒切圈，放入沸水锅内烫透，再用凉开水过凉，捞出沥净水分。

② 大蒜捣细成泥；花椒放入热油锅内炸出花椒油。

③ 将豆角放入盘内，加入盐、味精、蒜泥、花椒油、香油、红椒圈拌匀即成。

蒜泥豆角

小提示

蒜泥豆角
● 具有健脾胃、增进食欲的功效。

荷兰豆拌菊花
● 具有清肝明目、降血压、抗菌消炎的功效。

原料

荷兰豆150克，菊花50克，红甜椒5克。

调料

盐3克，味精5克，生抽、香油各10毫升。

制作方法

① 将荷兰豆去头尾洗净，切丝；将菊花取花瓣洗净备用；将红甜椒去蒂洗净，切丝；将上述材料入水中焯熟。

② 将盐、味精、生抽、香油调成味汁待用；将荷兰豆、菊花、红甜椒装盘，淋上味汁，搅拌均匀即可。

荷兰豆拌菊花

🍲 原料

豆角300克,红尖椒10克。

🍴 调料

盐3克,酱油10毫升,香油适量,蒜15克。

🍳 制作方法

1 将豆角去老筋,洗净,对切一半,放入开水中烫熟,捞出,浸入冷开水中泡凉,盛起,加入盐调拌均匀。

2 将红尖椒洗净,切丝;将蒜去皮,剁蓉,一起放入小碗中加酱油、香油调匀,淋在烫好的豆角上即可。

凉拌豆角

小提示

凉拌豆角
● 具有补钙、养胃、补血、利尿、开胃消食的功效。
杏仁四季豆
● 具有润肠通便、增进食欲、利水消肿的功效。

🍲 原料

四季豆200克,杏仁若干。

🍴 调料

橄榄油2小勺,盐少许。

🍳 制作方法

1 四季豆洗净,摘掉头,红尖椒洗净,切段。

2 煮沸水,加点盐,把四季豆、红椒段煮熟。

3 沥干水后,趁热加入杏仁和橄榄油,拌匀即可。

杏仁四季豆

红油海带花

🥘 原料

水发海带250克，紫包菜、香菜各段20克。

🍴 调料

食盐、香油、味精、醋、辣椒油、熟芝麻各适量。

🍳 制作方法

1. 海带洗净，切花片；紫包菜洗净，切丝，与海带分别入沸水锅焯水后捞出。
2. 将海带与紫包菜同拌，调入盐、味精、醋、辣椒油、香油拌匀。
3. 撒上熟芝麻和香菜段即可。

凉拌海带丝

🥘 原料

海带丝150克，青椒丝少许。

🍴 调料

盐、香油各3克，味精2克，陈醋10克，蒜蓉、糖各5克。

🍳 制作方法

1. 将海带丝洗净；用盐、味精、陈醋拌匀至渗出水。
2. 沥干水后放入香油、蒜蓉拌匀。
3. 再加入青椒丝拌匀即可。

小提示

红油海带花
● 具有御寒、利尿消肿的功效。

凉拌海带丝
● 具有利尿消肿、增强免疫力的功效。

🍲 原料

海白菜300克。

🍴 调料

盐5克，味精3克，剁辣椒20克。

🍳 制作方法

1. 将海白菜放入沸水中煮熟后，捞出。
2. 锅中加油烧热，下入剁辣椒炒香后盛出。
3. 将炒好的剁辣椒和所有调味料一起加入海白菜中拌匀即可。

拌海白菜

葱拌海带丝

🍲 原料

海带200克，尖椒10克。

🍴 调料

盐、味精各2克，香油5克，葱10克，蒜5克。

🍳 制作方法

1. 海带洗净，切丝；葱择洗净，切丝；蒜去皮，剁蓉；尖椒切细丝。
2. 锅中注适量水，待水开，放入海带丝稍焯，捞出沥水。
3. 摆盘，加入葱丝、蒜蓉、尖椒丝拌匀，再调入盐、味精，淋上香油即可。

小提示

拌海白菜
● 具有明目、降糖、养胃、健脑、消炎、养肝、助消化的功效。

葱拌海带丝
● 具有利尿、防病、御寒、防甲亢的功效。

爽口冰藻

原料

冰藻200克，红辣椒10克。

调料

盐3克，味精5克，蚝油、香油各8克，葱丝适量。

制作方法

① 将冰藻洗净，放入温水中泡发5~10分钟，待回软后，洗净杂质备用；红辣椒去籽，洗净，切丝。

② 盐、味精、蚝油、香油调匀，制成味汁，与冰藻、红辣椒拌匀即可。

小提示

爽口冰藻
● 具有促进血液循环、提高人体抵抗能力、延缓衰老的功效。

凉拌海草
● 具有消痰平喘、通行利尿、降脂降压的功效。

凉拌海草

原料

海草350克，红辣椒20克。

调料

盐5克，香油5克，白醋、芝麻适量。

制作方法

① 将海草择去杂质，洗净泥沙；红辣椒洗净，切成细丝。

② 锅中加水烧沸，下入海草、红辣椒焯烫至熟后，捞出盛盘。

③ 盐、香油、白醋调成味汁淋在盘中，撒上芝麻一起拌匀即可。

🍲 原料

海藻300克，红椒20克，黄瓜、圣女果各100克。

🍴 调料

葱花30克，蒜末20克，香油10克，醋20克，辣椒油10克，盐5克，味精3克。

🍳 制作方法

1. 海藻泡发洗净备用；红椒洗净，切丝；黄瓜洗净，切片；将所有原材料入水中焯熟，装盘。
2. 将各调味料调成味汁，均匀淋于盘中海藻上，点缀圣女果、黄瓜片，再撒上葱花即可。

酸辣海藻

小提示

酸辣海藻
● 具有保护血管弹性、改善油脂分泌、预防白血病的功效。

风味三丝
● 具有健脾化滞、润燥、开胃的功效。

🍲 原料

海带80克，胡萝卜50克，青椒、香菜叶各适量。

🍴 调料

盐、味精各3克，香油适量。

🍳 制作方法

1. 海带、胡萝卜、青椒均洗净，切丝，入开水锅中焯水后，捞出沥干。
2. 将海带、胡萝卜、青椒加盐、味精、香油同拌。
3. 撒上香菜叶即可。

风味三丝

蒜香海带茎

🏷 原料

红辣椒20克，海带茎250克。

🍴 调料

葱白30克，香油10克，味精3克，盐3克，蒜30克。

🍳 制作方法

1. 将海带茎洗净，用清水浸泡一会，切成齿状片，放开水中焯熟，捞起沥干水，装盘摆好。
2. 蒜去衣，切片；葱白洗净，切丝；红辣椒洗净，切丝。
3. 锅烧热下油，把蒜片、葱丝、红辣椒丝炝香，盛出和其他调味料一起拌匀，淋在焯熟的海带茎上即可。

爽口海带茎

🏷 原料

水发海带茎200克，红辣椒4克。

🍴 调料

盐、味精各4克，蚝油、生抽各8克，葱少许。

🍳 制作方法

1. 水发海带茎洗净，切成小段，放入加盐的开水中焯熟。
2. 红辣椒洗净，切成圈；葱洗净，切成末。
3. 盐、味精、蚝油、生抽调匀，淋在水发海带茎上，撒上红辣椒圈、葱花即可。

> **小提示**
>
> 蒜香海带茎
> ● 具有健脾开胃、清热降压的功效。
>
> 爽口海带茎
> ● 具有明目、助消化、降压的功效。

原料

海带结150克。

调料

盐2克，姜、辣椒粉、香油、红椒圈各5克。

制作方法

1. 海带结在清水中泡6小时，中途换水3次，姜洗净切末。
2. 将海带结在烧开的水中煮5分钟，捞出沥干水分。
3. 将海带结与准备好的各调料拌匀装盘即可。

炝拌海带结

养颜螺旋藻

原料

螺旋藻200克，辣椒10克。

调料

盐、糖各3克，味精2克，鸡精1克，陈醋、辣椒油、姜各5克。

制作方法

1. 螺旋藻清洗干净，姜去皮切丝，辣椒去蒂、去籽，切圈。
2. 将螺旋藻过沸水后，泡入冰水中约5分钟，捞出沥干水分。
3. 将沥干水分的螺旋藻装入盘中，放入所有姜末、椒丝及各种调味料，拌匀即可。

小提示

炝拌海带结
● 具有降血压、降血脂、养心、防中风、养肝、软化血管、防治贫血的功效。

养颜螺旋藻
● 具有提高免疫功能、降低血脂的功效。

炝拌南极冰藻

🦑 原料

南极冰藻400克，青、红椒30克。

🍴 调料

盐4克，味精2克，生抽8克，香油、洋葱各适量。

🥄 制作方法

① 将南极冰藻与青、红椒洗净切丝；洋葱洗净切丝。

② 将盐、味精、生抽、香油调成味汁，淋在南极冰藻与青、红椒丝上，再加入洋葱丝拌匀即可。

小提示

炝拌南极冰藻
● 具有促进肠胃消化吸收、延缓衰老、保肝护肾的功效。

拌海藻丝
● 具有保护血管弹性、改善油脂分泌的功效。

拌海藻丝

🦑 原料

海藻350克。

🍴 调料

盐、味精各3克，香油、红辣椒圈各适量。

🥄 制作方法

① 海藻洗净，切丝，与红辣椒圈同入开水锅中焯水后捞出。

② 调入盐、味精拌匀，再淋入香油即可。

🍲 原料

海草300克，熟芝麻10克，青、红椒各15克。

🍴 调料

盐3克，蚝油10克。

🍳 制作方法

1. 海草浸洗干净，除去根和砂石，放入开水中烫熟，沥干水分，盛盘。
2. 青、红椒洗净，切丝，入水中焯一下；将海草、青红椒丝、盐、蚝油一起拌匀，撒上熟芝麻即可。

芝麻海草

小提示

芝麻海草
● 具有养血护肤、滋补养生、消痰、利尿的功效。

老醋花生米
● 具有健脑益智、延缓衰老、润肺止咳的功效。

🍲 原料

香菜叶20克，花生米200克。

🍴 调料

陈醋30克，盐、味精、香油各适量。

🍳 制作方法

1. 花生米洗净，入油锅中炸熟后装盘。
2. 陈醋加盐、味精、香油调匀，淋在花生米上，浸泡10分钟。
3. 撒上香菜叶即可。

老醋花生米

醋泡花生米

🏆 原料

红皮花生米300克，红椒30克。

🍴 调料

葱白30克，盐5克，味精3克，香油10克，醋20克。

🍳 制作方法

1. 将红皮花生米洗净，放锅中，下油炒熟，装盘晾凉。
2. 葱白洗净切斜段，红椒洗净切圈。
3. 把陈醋和所有调味料一起放入碗内，加点凉开水调匀成味汁，与花生米、红椒圈一起装盘即可。

卤味花生米

🏆 原料

花生米500克。

🍴 调料

味精、桂皮、八角、草果各3克，花椒2克，干椒、盐各5克。

🍳 制作方法

1. 将花生米放入水中浸泡，洗净。
2. 将所有调味料制成卤水，下入花生米卤至入味。
3. 将卤好的花生用油、盐拌匀即可。

小提示 醋泡花生米
● 具有增进食欲、促进消化的功效。
卤味花生米
● 具有滋润皮肤的功效。

🥘 原料

花生米100克，青、红辣椒各50克。

🍴 调料

芥末、芥末油、香油各5克，盐3克，味精2克，白醋2克，熟芝麻5克。

🍲 制作方法

1. 青、红辣椒均洗净，切圈，放入沸水锅中焯熟晾凉。
2. 花生米入沸水锅内焯水。
3. 将芥末、芥末油、香油、盐、味精、白醋、熟芝麻放入青、红辣椒圈和花生米中拌匀，装盘即成。

辣椒圈拌花生米

香干花生米

🥘 原料

香干150克，花生米250克。

🍴 调料

盐3克，味精5克，生抽8克。

🍲 制作方法

1. 香干洗净，切成小块，放入开水中烫熟。
2. 油锅烧热，放入花生米炸熟，加入香干，加盐、味精、生抽调味，盛盘。

小提示

辣椒圈拌花生米
● 具有增强记忆、延缓衰老、润肺化痰、滋养调气的功效。

香干花生米
● 具有防止血管硬化、预防心血管疾病、补充钙质、增强记忆、延缓衰老的功效。

🐷 原料

花生米、豆干各80克，青、红椒各30克。

🍴 调料

盐、味精各3克，香油适量。

📋 制作方法

1. 花生仁洗净，入油锅中炸熟取出。
2. 豆干洗净，切丁；青、红椒均洗净，切圈，与豆干一同焯水，捞出沥干。
3. 将花生米、豆干与青、红椒圈加盐、味精拌匀，淋入香油即可。

花生豆干

小提示

花生豆干
● 具有保护心脏、润肺化痰、滋养调气的功效。

煮花生米
● 具有健脾和胃、润肺止咳、养血、保健、降低胆固醇的功效。

🐷 原料

花生米500克。

🍴 调料

盐10克，酱油8克，八角适量，香油少许。

📋 制作方法

1. 花生米放入加了盐、八角的水中煮熟，捞出。
2. 将花生米放入容器里加酱油、香油拌匀即可。

煮花生米

🍲 原料

花生米200克，黄瓜丁、胡萝卜丁各50克。

🍴 调料

盐、糖各3克，花椒大料10克，生姜、大葱、香油各5克，味精2克，苏打粉适量。

🍳 制作方法

1. 花生米洗净，放入锅中煮熟。
2. 加入花椒大料、生姜、大葱、盐、味精、白糖、苏打粉，煮入味。
3. 将黄瓜丁、胡萝卜丁烫熟与花生米放在一起，加入上面的调料拌匀即可。

炝花生米

小提示

炝花生米
● 具有增强记忆、延缓衰老、健脾开胃的功效。

核桃仁拌素鲍
● 具有滋润皮肤、清咽止痒的功效。

🍲 原料

核桃仁200克，素鲍鱼100克，红辣椒50克。

🍴 调料

盐3克，味精3克，香油10克。

🍳 制作方法

1. 素鲍鱼洗净，切成细长条，放入开水中焯熟，捞起晾干水。
2. 红辣椒洗净切成丝，核桃仁洗净，与素鲍鱼一起装盘摆好。
3. 把调味料调匀，均匀淋在盘中即可。

核桃仁拌素鲍

凉拌芦笋

🍲 原料

芦笋300克，金针菇200克，红椒少许。

🍴 调料

盐2克，醋3克，酱油3克，香油4克，葱适量。

🍳 制作方法

1. 芦笋洗净，对半切段；金针菇洗净；红椒、葱洗净切丝。
2. 芦笋、金针菇入沸水中焯熟，摆盘，撒入红椒丝和葱丝。
3. 净锅加适量水烧沸，倒入酱油、醋、香油、盐调匀，淋入盘中即可。

玉簪竹荪

🍲 原料

芦笋、竹荪各200克，金针菇100克，上海青、小玉米各250克，胡萝卜丝少许。

🍴 调料

盐3克，味精2克，香油15克。

🍳 制作方法

1. 芦笋洗净切段；竹荪泡发；金针菇、上海青、小玉米洗净。
2. 用竹荪将芦笋、金针菇、胡萝卜丝卷好，与上海青、小玉米入沸水焯熟晾凉，捞起装盘。
3. 将盐、味精、香油调匀，淋在盘上即可。

> **小提示**
>
> 凉拌芦笋
> ● 具有养心、利尿消炎的功效。
> 玉簪竹荪
> ● 具有清热利尿、降低血压的功效。

🐨 原料

茄子200克，紫包菜50克。

🍴 调料

盐、醋6克，生抽10克，蒜末少许。

🍳 制作方法

1. 茄子洗净去皮，切成条；紫包菜洗净切丝。
2. 将茄子放入开水中焯熟，捞起沥干水分；用盐、醋、生抽、蒜制成味碟。
3. 用茄子、紫包菜摆盘，食用时蘸调味汁即可。

手撕香茄

🐨 原料

天目笋干250克，黄瓜150克。

🍴 调料

盐3克，香油适量。

凉拌天目笋干

🍳 制作方法

1. 天目笋干泡发洗净，切成条状；黄瓜洗净，切大片，铺在盘底。
2. 净锅上火，倒入适量清水煮沸，放入笋干焯熟，捞出沥干水分。
3. 将笋干加盐、香油拌匀后摆在黄瓜片上即可。

小提示

手撕香茄
- 具有抗衰老、清热解暑、减肥、增强免疫力的功效。

凉拌天目笋干
- 具有增进食欲、清凉败毒、助食开胃的功效。

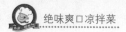

🏺 原料

周庄阿婆咸菜300克，毛豆肉50克。

🍴 调料

香油20克，盐3克，麻油适量。

🍵 制作方法

1. 咸菜切成小段，毛豆肉氽水捞起，放入冷水中备用。
2. 取锅洗净烧热，加入香油炝锅，咸菜、盐入锅炒出香味，淋上麻油出锅。
3. 咸菜晾凉后加入毛豆肉，拌在一起即可装盘。

周庄咸菜毛豆

小提示

周庄咸菜毛豆
● 具有排毒、润肠、补钙、开胃消食、美容瘦身的功效。 ⬆

泡黄豆
● 具有降糖、降脂、美白护肤的功效。 ⬇

🏺 原料

黄豆200克，黄瓜丁20克。

🍴 调料

酱油200克，味精、糖各适量。

🍵 制作方法

1. 锅上火，待锅热后，放入黄豆，干炒至熟。
2. 倒入酱油，直到淹没黄豆，稍煮片刻。
3. 连汤带豆取出，泡2小时，加黄瓜丁装盘，调入味精、糖拌匀即可。

泡黄豆

🍲 原料

胡萝卜300克，黄豆100克。

🍴 调料

盐10克，味精3克，香油15克。

🍳 制作方法

1. 将胡萝卜削去头、尾，洗净，切丁，放入盘内。
2. 将胡萝卜丁和黄豆一起入沸水中焯烫，捞出沥水。
3. 黄豆和胡萝卜丁加入盐、味精、香油，拌匀即成。

拌萝卜黄豆

小提示

拌萝卜黄豆
● 具有健脾消食、补肝明目、清热解毒的功效。

话梅芸豆
● 具有提高人体免疫力、护发、止血、消肿解毒的功效。

🍲 原料

芸豆200克，话梅适量。

🍴 调料

冰糖适量。

🍳 制作方法

1. 芸豆洗净，入沸水锅煮熟后捞出。
2. 锅置火上，加入少量水，放入话梅和冰糖，熬至冰糖融化，倒出晾凉。
3. 将芸豆倒入冰糖水中，放冰箱冷藏1小时，待汤汁渗入后即可。

话梅芸豆

酒酿黄豆

🥘 原料

黄豆200克。

🍶 调料

醪糟100克。

🍳 制作方法

1. 黄豆用水洗好，浸泡8小时后去皮，洗净，捞出待用。
2. 把洗好的黄豆放入碗中，倒入准备好的部分醪糟，放入蒸锅里蒸熟，晾凉。
3. 在晾好的黄豆里点入一些新鲜的醪糟即可。

香辣豆腐皮

🥘 原料

红辣椒5克，豆腐皮150克。

🍶 调料

葱8克，盐3克，生抽、辣椒油各10克。

🍳 制作方法

1. 将豆腐皮用清水泡软切块，入热水焯熟；葱洗净切末。
2. 将盐、生抽、辣椒油拌匀，淋在豆腐皮上，撒上葱末即可。

> **小提示**
>
> **酒酿黄豆**
> ● 具有宽中下气、润燥补血的功效。
>
> **香辣豆腐皮**
> ● 具有防治贫血、排毒、抗衰老的功效。

🍲 原料

青红椒少许，豆腐皮150克。

🍴 调料

盐3克，香油、生抽各5克，香菜5克，葱适量。

🥘 制作方法

1. 豆腐皮用水洗净，切成小块；青红椒洗净，切成段；葱洗净，切成段。
2. 豆腐皮、青红椒入沸水中焯熟，沥干装盘。
3. 加入盐、葱段、生抽、香油，拌匀撒上香菜即可。

香油豆腐皮

辣椒丝拌豆腐皮

🍲 原料

豆腐皮150克，香椿苗、红椒丝各30克。

🍴 调料

盐、味精各3克，香油适量。

🥘 制作方法

1. 豆腐皮洗净，切丝；香椿苗洗净。
2. 将豆腐皮丝、香椿苗、红辣椒丝分别入开水锅中焯烫后取出沥干。
3. 将备好的材料同拌，调入盐、味精、香油拌匀即可。

小提示

香油豆腐皮
● 具有清热润肺、止咳消痰、养胃、解毒、止汗的功效。

红辣椒丝拌豆腐皮
● 具有促消化、增加食欲、清热润肺的功效。

🎀 原料

豆腐皮400克。

🍴 调料

盐3克，味精1克，醋6克，老抽10克，红油15克，熟芝麻少许。

🍳 制作方法

① 豆腐皮洗净，切正方形片；豆腐皮入沸水焯熟；调味料调成汁，浇在每片豆腐皮上。

② 再将豆腐皮叠起，撒上熟芝麻，斜切开装盘即可。

豆腐皮

小提示

豆腐皮
● 具有清热润肺、止咳消痰、养胃的功效。

千层豆腐皮
● 具有补中益气、清热润燥、生津止渴、清洁肠胃的功效。

🎀 原料

豆腐皮500克。

🍴 调料

盐4克，味精2克，酱油10克，熟芝麻、红油各适量。

🍳 制作方法

① 豆腐皮洗净切块，放入开水中稍烫，捞出，沥干水分备用。

② 用盐、味精、酱油、熟芝麻、红油调成味汁，豆腐皮泡在味汁中；将豆腐皮一层一层叠好斜切开放盘中即可。

千层豆腐皮

🍲 原料

豆干400克。

🍴 调料

酱油15克，盐5克，白糖、香油各10克。

🍳 制作方法

① 豆干洗净，入开水锅中焯水后捞出备用。
② 将豆干切片，加盐、酱油、白糖，淋上香油，拌匀装盘即成。

凉拌豆干

小提示

凉拌豆干
● 具有软化血管、补钙、健脑的功效。
家常拌香干
● 具有清热去火、消食、缓解疲劳、助消化的功效。

🍲 原料

香干250克，青、红椒各30克。

🍴 调料

葱8克，辣椒油、老抽各10克，味精5克，盐3克。

🍳 制作方法

① 香干洗净，切成丝，放入开水中焯熟，沥干水分，装盘；葱洗净，切成末，青、红辣椒切圈。
② 盐、味精、老抽、辣椒油调匀，淋在香干上，拌匀即可。

家常拌香干

五香豆干

🥘 原料

豆干300克，卤水200克。

🍴 调料

盐5克，味精3克。

🥄 制作方法

① 锅内加油烧沸后，下入豆干炸熟，捞出沥油。
② 锅中加入卤水烧沸后，下入豆干卤好，盛出晾凉。
③ 豆干内加入所有调味料一起拌匀即可。

五香卤香干

🥘 原料

香干400克。

🍴 调料

生抽、盐、糖、鸡精、辣椒粉、桂皮、茴香、花椒、八角各适量。

🥄 制作方法

① 锅中加入清水烧开，加入适量的辣椒粉、桂皮、茴香、花椒、八角煮出香味，再放入香干煮透，捞出，晾凉备用。
② 将香干切片，加入适量的生抽、盐、糖、鸡精拌匀装盘即可。

小提示

五香豆干
● 具有软化血管、补钙、健脑的功效。

五香卤香干
● 具有补充钙质、抗血栓的功效。

原料

菊花10克，香干80克。

调料

干红辣椒、盐各3克，味精5克，生抽8克。

制作方法

1. 香干洗净，切成小段，放入开水中焯熟，捞起，晾干水分；菊花洗净，撕成小片，放入水中焯一下，捞起；干红辣椒洗净，切丝。
2. 将味精、盐、生抽一起调成味汁。
3. 将味汁淋在香干、菊花上，拌匀，撒入干红辣椒即可。

菊花辣拌香干

麻辣香干

原料

香干250克，红辣椒30克。柠檬片、黄瓜片各100克。

调料

大葱30克，香油10克，辣椒油10克，花椒粉5克，盐、味精各3克。

制作方法

1. 将香干洗净，切成薄片，入锅焯烫，捞起沥干水分，装盘晾凉。
2. 大葱、红辣椒洗净；大葱切成葱花，红辣椒切成圈。
3. 锅中下油烧热，爆香葱花、椒圈，盛出与其他调味料拌匀，均匀淋在香干片上，柠檬片、黄瓜片码盘即可。

小提示

菊花辣拌香干
- 具有益气宽中、生津润燥、清热解毒、降血压、提神的功效。

麻辣香干
- 具有温中散寒、开胃消食的功效。

洛南豆干

🍲 原料

豆干200克，红椒20克。

🍴 调料

盐3克，醋6克，老抽10克，辣椒油10克。

🍳 制作方法

① 豆干洗净切片，红椒切片。
② 豆干入水焯熟捞起，放入盘中，加盐、醋、老抽、辣椒油拌匀，放上红椒片即可。

小提示

洛南豆干
● 具有益气宽中、生津润燥、清热解毒的功效。

秘制豆干
● 具有清热、润燥、生津、解毒、宽肠、降浊的功效。

秘制豆干

🍲 原料

豆干200克。

🍴 调料

盐3克，味精1克，醋6克，生抽10克。

🍳 制作方法

① 豆干洗净，切成片，用沸油炸熟。
② 将豆干装入盘中。
③ 用盐、味精、醋、生抽调成汁，浇在上面即可。

🥣 原料

豆干400克，甜椒、芹菜各50克。

🍴 调料

盐4克，味精2克，酱油8克，香菜5克，香油适量。

🍳 制作方法

1. 豆干、甜椒洗净，切成丝；芹菜洗净，取茎切丝；香菜洗净，切段备用。
2. 将备好的材料放入开水中稍烫，捞出，沥干水分晾凉。
3. 将备好的材料放入容器，加盐、味精、酱油、香油搅拌均匀，装盘即可。

馋嘴豆干

小提示

馋嘴豆干
- 具有预防心血管疾病、活血化瘀、补充钙质的功效。

香干蒿菜
- 具有宽中理气、消食开胃、增加食欲的功效。

🥣 原料

香干350克，蒿菜250克。

🍴 调料

姜、葱各10克，酱油、香油各8克，味精、盐各3克。

🍳 制作方法

1. 香干、蒿菜洗净，放入开水中焯熟后一起剁碎成泥，放入圆碗中；姜洗净，切成丝；葱洗净，切成碎末。
2. 油锅烧热，放入姜、葱、酱油、味精、盐、香油爆香，起锅，倒入碗中，与香干、蒿菜一起搅拌均匀。
3. 将碗翻转，倒扣在盘中即可。

香干蒿菜

甘泉豆干

🍲 原料

绿豆干250克，红、黄甜椒20克。

🍴 调料

盐、味精各2克，香醋、红油、香油各10克。

🍳 制作方法

1. 将绿豆干与红、黄甜椒洗净，切细丝。
2. 锅上火，加水烧开，放入豆干和红、黄甜椒丝，焯熟，取出晾凉。
3. 将晾凉的豆干和红、黄甜椒丝装入碗中，加入调味料，拌匀即可。

川北凉粉

🍲 原料

白凉粉400克，黄瓜80克。

🍴 调料

盐、白糖各5克，酱油10克，醋15克，花椒粉1克，蒜、葱各20克。

🍳 制作方法

1. 将葱切段；凉粉切丝，先摆在盘中成型，黄瓜洗净切丝。
2. 蒜切末，与调味料调成味汁。
3. 将调好的味汁淋在凉粉上，撒上黄瓜丝即可。

> **小提示**
> **甘泉豆干**
> ● 具有促进骨骼发育、保护心脏的功效。
> **川北凉粉**
> ● 具有健胃、增强免疫力、清肺化痰的功效。

🥘 原料

蕨根粉250克，花生米100克。

🍴 调料

葱30克，红辣椒20克，醋、香油、红油各10克，盐5克，味精2克。

🥄 制作方法

1. 蕨根粉泡发洗净，入沸水中焯熟，再放入凉水中冷却，沥干装盘。
2. 红辣椒洗净切圈，锅烧热下油，下椒圈、葱花、拍碎的花生仁，盛出与其他调料拌匀，淋在蕨根粉上即可。

酸辣蕨根粉

白玉凉粉

🥘 原料

魔芋丝结200克。

🍴 调料

盐3克，味精1克，醋8克，红辣椒适量，香菜少许。

🥄 制作方法

1. 魔芋丝结洗净；红辣椒洗净，切圈，用沸水焯熟后待用；香菜洗净。
2. 锅内注水烧沸，放入魔芋丝结焯熟，放入盘中。
3. 用盐、味精、醋调成汤汁，浇在魔芋丝结上，撒上红辣椒圈、香菜即可。

小提示

酸辣蕨根粉
- 具有滑肠通便、清热解毒、消脂降压的功效。

白玉凉粉
- 具有消暑解暑、促进新陈代谢、润肠通便的功效。

🐷 原料

蕨粉180克。

🍴 调料

红辣椒5克，盐3克，味精2克，生抽、香油各15克。

🍳 制作方法

1. 蕨粉洗净，用开水煮5分钟，捞出，焯一下凉水；红辣椒洗净，切段。
2. 油锅烧热，放入红辣椒段，下盐、生抽、香油、味精制成味汁；将味汁淋在蕨粉上，拌匀即可。

爽口蕨粉

小提示

爽口蕨粉
● 具有消肿安神、助消化、提神的功效。

菠菜拌粉条
● 具有增强免疫力、抗衰老的功效。

🐷 原料

菠菜400克，粉条200克，红椒30克。

🍴 调料

盐4克，味精2克，酱油8克，红油、香油各适量。

🍳 制作方法

1. 菠菜洗净，去须根；红椒洗净切丝；粉条用温水泡发备用。
2. 将备好的材料放入开水中稍烫，捞出晾凉，菠菜切段。
3. 将所有的材料放入容器，加酱油、盐、味精、红油、香油拌匀，放上红椒丝即可。

菠菜拌粉条

🏷️ 原料

苦瓜、西芹各100克，红椒30克。

🍴 调料

盐、味精各3克，香油10毫升。

🍳 制作方法

1. 将苦瓜去籽，洗净，切片；将西芹洗净，切片；将红椒洗净切菱形片。
2. 将苦瓜、西芹、红甜椒分别入开水锅焯水后，捞出装盘。
3. 调入盐、味精，淋入香油即可。

西芹苦瓜

小提示

西芹苦瓜
● 具有排毒养颜、健脾开胃、消炎退热、清心明目的功效。

姜汁西芹
● 具有养血补虚、活血驱寒的功效。

🏷️ 原料

西芹200克，红椒30克。

🍴 调料

盐、味精各3克，姜10克，醋、香油各适量。

🍳 制作方法

1. 将西芹洗净去筋切条，摆于碟上，红椒洗净切末备用。
2. 将姜切粒，与调味料一起搅拌成姜汁。
3. 把姜汁倒于西芹上，撒上红椒末，拌匀即可。

姜汁西芹

玉米芥蓝拌杏仁

🍲 原料

芥蓝、玉米各200克，杏仁150克，红椒15克。

🍴 调料

香油10毫升，盐3克，味精2克，糖20克。

🍳 制作方法

1. 将芥蓝去皮洗净切片，将杏仁泡发洗净，将玉米洗净，将红椒切圈；
2. 将上述材料分别焯熟，捞出晾凉，加入红椒圈及所有调味料拌匀即可。

西芹拌芸豆

🍲 原料

西芹100克，芸豆150克，红椒30克。

🍴 调料

盐3克，醋10毫升，糖15克，香油适量。

🍳 制作方法

1. 将西芹切斜段；将红甜椒切块；将芸豆用清水浸泡备用。
2. 将芸豆放入开水中煮熟，捞出，沥干水分；将西芹、红甜椒在开水中稍烫，捞出晾凉。
3. 将芸豆、西芹、红椒放入一个容器，加醋、糖、盐、香油搅拌均匀，装盘即可。

小提示

玉米芥蓝拌杏仁
● 具有润肺止咳、清心明目的功效。

西芹拌芸豆
● 具有养血补虚的功效。

原料

西芹、草菇各200克，红椒适量。

调料

盐4克，酱油8毫升，鸡精2克，胡椒粉3克。

制作方法

1. 将西芹洗净，斜切段；将红椒洗净，切丝；将草菇洗净，剖开备用。
2. 将西芹、红椒在开水中稍烫，捞出，沥干水分；将草菇煮熟，捞出，沥干水分晾凉。
3. 将西芹、红椒、草菇放入一个容器，加盐、酱油、鸡精、胡椒粉搅拌均匀，装盘即可。

西芹拌草菇

炝拌茼蒿

原料

茼蒿400克。

调料

盐4克，味精2克，生抽8毫升，香油、干椒、食用油各适量。

制作方法

1. 将茼蒿洗净备用；将干椒洗净，切丝。将茼蒿放入开水中稍烫，捞出，沥干水分，放入容器。
2. 将干椒入油锅中炝香，加盐、味精、生抽炒匀，香油淋在茼蒿上拌匀即可。

小提示

西芹拌草菇
● 具有补脾益气、清暑热、镇静安神、养血补虚的功效。

炝拌茼蒿
● 具有养心、抗衰老、润肠、润肺、安神、利尿的功效。

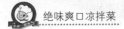
🐷 原料

西芹100克，核桃仁150克，红椒50克。

🍴 调料

盐3克，味精2克，醋10毫升，香油适量。

🍳 制作方法

① 将西芹洗净，斜切小段；将红椒洗净，切块；将核桃仁去皮，用温水浸泡备用。

② 将西芹、红椒、核桃仁在开水中稍微烫一下，捞出，沥干水分晾凉。

③ 将所有材料放在一个容器内，加盐、味精、醋、香油拌匀，装盘即可。

西芹拌核桃仁

小提示

西芹拌核桃仁
● 具有养血补虚、消炎杀菌的功效。

杏仁西芹
● 具有润肺、降低胆固醇、减肥的功效。

🐷 原料

西芹300克，杏仁100克，红椒、香菜少许。

🍴 调料

盐、料酒、鸡精各适量。

杏仁西芹

🍳 制作方法

① 西芹洗净，切段，杏仁洗净，备用，红椒洗净切段，香菜洗净备用。

② 锅中放入清水烧沸，下西芹焯水捞出，下杏仁焯水捞出。

③ 将西芹、杏仁放入盘中，调入适量的盐、香油、鸡精，撒上红椒圈、香菜装盘即可。

🏷 原料

西芹300克，玫瑰、红椒各适量。

🍴 调料

盐3克，味精1克，醋6毫升。

💣 制作方法

① 将西芹洗净，切成薄片；将红椒洗净，切丝。

② 锅内注水烧沸，放入西芹片稍焯后，捞起沥干并装入盘中。

③ 加入盐、味精、醋拌匀，撒上红椒丝，用玫瑰点缀即可。

玫瑰西芹

小提示

玫瑰西芹
- 具有美颜护肤、健脾降火、平肝降压的功效。

花生拌西芹
- 具有清热解毒、增强记忆、抗老化、润肺化痰的功效。

🏷 原料

花生仁200克，芹菜250克，红椒适量。

🍴 调料

豆油、酱油各10毫升，盐、味精、白糖、醋、花椒油各适量。

💣 制作方法

① 锅内放豆油烧热，放入花生仁，炸酥时捞出，去掉膜皮；将红椒洗净切片。

② 将芹菜摘去根、叶，切段，放开水锅中焯一下后捞出，晾凉沥干。

③ 把酱油、盐、白糖、味精、醋、花椒油、红椒片放在小碗内调好味，浇在芹菜和花生仁上拌匀，即可食用。

花生拌西芹

凉拌芹菜叶

🐨 原料

芹菜嫩叶250克，香豆腐干100克。

🎚 调料

白糖5克，香油、酱油各5毫升，味精、盐各少许。

🍶 制作方法

1. 将芹菜叶清洗干净，放开水锅中烫一下即捞出，摊凉，沥水，剁成小段，放入菜盘中，撒上盐拌匀。
2. 将香豆腐干放开水锅中烫一下，捞出，切条。
3. 将豆腐条撒在芹菜叶末上，加入酱油、白糖、香油和味精，拌匀即可。

蘑菇拌菜心

🐨 原料

蘑菇200克，菜心200克。

🎚 调料

盐3克，味精2克，醋5毫升，生抽10毫升。

🍶 制作方法

1. 将蘑菇洗净备用；将菜心洗净备用；将蘑菇、菜心分别入水中焯熟，捞出沥干。
2. 用盐、味精、醋、生抽调成汁，分别淋在蘑菇与菜心上，拌匀后，将蘑菇与菜心装入盘中即可。

> **小提示**
>
> 凉拌芹菜叶
> ● 具有健脾开胃、健脑的功效。
> 蘑菇拌菜心
> ● 具有止咳化痰、促进食欲的功效。

原料

小米椒50克，广东菜心200克。

调料

盐3克，醋6毫升，生抽10毫升。

制作方法

1. 将小米椒洗净，切小段，用沸水焯一下待用；菜心洗净。
2. 锅内注水烧沸，放入菜心焯熟，捞起沥干装入盘中。
3. 将盐、醋、生抽、米椒段调制成汁，浇在菜心上面即可。

米椒广东菜心

生拌油麦菜

原料

油麦菜300克。

调料

盐、味精各3克，干椒20克，香油10毫升，食用油适量。

制作方法

1. 将干椒洗净，切段，入油锅稍炸后取出；将油麦菜洗净，入沸水中焯水后捞出，沥干水分，切段。
2. 将油麦菜调入盐、味精拌匀。
3. 撒上干椒，淋入香油即可。

小提示

米椒广东菜心
- 具有除烦解渴、清热解毒、利尿通便、健胃消食的功效。

生拌油麦菜
- 具有清燥润肺、化痰止咳的功效。

酸辣空心菜

🥗 原料

空心菜400克。

🍴 调料

盐3克，红泡椒5克，陈醋4毫升，香油适量。

🥄 制作方法

1. 将空心菜择去老叶，洗净。
2. 锅中加水、盐烧沸，下入空心菜烫至熟，捞出晾凉装盘。
3. 将所有调料拌匀，淋在空心菜上拌匀即可。

小提示

酸辣空心菜
● 具有促进肠蠕动、通便解毒、防暑解热的功效。

拌空心菜
● 具有清热凉血、利尿除湿、解毒的功效。

拌空心菜

🥗 原料

空心菜400克。

🍴 调料

盐2克，香油5毫升，红油8毫升，味精2克，醋10克，蒜末10克。

🥄 制作方法

1. 将空心菜洗净，入水中焯熟，捞出沥干后装盘。
2. 向盘中加入盐、香油、红油、味精、醋、蒜末拌匀即可。

🥘 原料

西芹500克，红甜椒30克。

🍴 调料

盐3克，味精3克，香油10毫升，葱油20毫升。

🍳 制作方法

1. 将西芹去叶，洗净，切成斜段，放沸水中焯熟，捞出沥干水分。
2. 将红甜椒洗净切小块，放沸水中焯熟，捞起沥干水分，与西芹一起装盘摆放好。
3. 把所有调料一起放碗中，调成调味汁，再淋在西芹和红甜椒上即可。

葱油西芹

小提示

葱油西芹
● 具有增进食欲、平肝降压的功效。
芥末菠菜
● 具有增强免疫力、抗衰老、增强食欲、美容养生的功效。

🥘 原料

菠菜400克，花生米适量。

🍴 调料

芥末、盐、香油、鸡精适量。

🍳 制作方法

1. 菠菜去根洗净，沸水焯熟，冷水浸泡，沥干。
2. 用芥末、水、鸡精、盐、香油调成调味料，淋在菠菜上，拌匀；再放入适量花生米即可。

芥末菠菜

蒜蓉菠菜

🐗 原料

菠菜适量，红椒5克。

🍴 调料

食盐、白糖3克，鸡精2克，姜5克，蒜、玉米油适量。

🍳 制作方法

1. 菠菜洗干净，切段，红椒切末。
2. 锅里放水烧开，放入姜片，盐，糖和油，放菠菜氽烫一下，捞起沥干水分。
3. 热油锅，把蒜蓉、红椒末爆香，倒入菠菜快速翻炒一下，放少许盐和鸡精调味即可。

🐗 原料

茼蒿、花包菜各150克，红甜椒丝20克，熟芝麻适量。

🍴 调料

盐、味精各3克，香油适量。

🍳 制作方法

1. 将茼蒿、花包菜洗净，与红甜椒丝分别入沸水锅中焯水，捞出沥干晾凉。
2. 将备好的材料调入盐、味精拌匀，淋入香油，撒上红甜椒丝、熟芝麻即可。

> 小提示
>
> 蒜蓉菠菜
> ● 具有美容、抗衰老、润肠、补血的功效。
>
> 风味茼蒿
> ● 具有补脾胃、降压、助消化的功效。

风味茼蒿

原料

枸杞芽350克，枸杞10克。

调料

盐3克，香油、红椒段各适量，味精2克。

制作方法

1. 将枸杞芽洗净；将枸杞洗净，泡发。
2. 锅中加水烧沸，下入枸杞芽烫至变色，捞出挤干水分，装盘。
3. 撒上枸杞，再加入盐、红椒段、味精、香油拌匀即可。

凉拌枸杞芽

原料

萝卜苗500克。

炝拌萝卜苗

调料

盐4克、酱油、香油各适量，干红椒50克。

制作方法

1. 将干红椒洗净，切丝；将萝卜苗洗净，去根备用。将备好的原材料放入开水中稍烫，捞出，沥干水分，放入容器。
2. 将盐、酱油、香油烧开，倒在萝卜苗上，搅拌均匀即可。

小提示

凉拌枸杞芽
● 具有清火明目、补益筋骨、美容养颜的功效。
炝拌萝卜苗
● 具有增强抵抗力、增加食欲的功效。

原料

鲜香椿150克。

调料

盐2克，味精2克，白糖4克，陈醋2毫升，酱油2毫升，辣椒油3毫升，芝麻香油2毫升，熟辣椒粉、干辣椒适量。

制作方法

① 将香椿切成小段，干辣椒切成小段。
② 将香椿入锅汆水，捞出晾凉。
③ 盘内放入香椿、盐、味精、白糖、陈醋、酱油、辣椒油、芝麻香油、熟辣椒粉、干椒段，拌匀即可。

凉拌香椿

小提示

凉拌香椿
● 具有增加食欲、清热解毒、健胃理气的功效。

干椒炝拌茼蒿
● 具有消食开胃、养心安神、润肺补肝、提高免疫力的功效。

原料

茼蒿300克。

调料

白糖3克，酱油10毫升，香油5毫升，盐、味精各少许，干椒50克。

制作方法

① 将干椒洗净后剪成小段，入热锅中炝出香味。
② 将茼蒿去根和老叶，清洗干净，放沸水内烫熟，捞出稍凉后再于水中漂凉，捞出。
③ 将炝好的干椒倒入茼蒿菜上，加调味料一起拌匀即可。

干椒炝拌茼蒿

🏺 原料

万年青500克。

🍴 调料

盐3克，味精3克，香油10毫升，葱油20毫升。

🍳 制作方法

1. 将万年青洗净，切好，放沸水中焯熟，捞出沥干水分，装盘晾凉。
2. 把调味料一起放入碗内，调匀成调料汁，均匀地淋在盘中的万年青上即可。

葱油万年青

小提示

葱油万年青
● 具有强心利尿、清热解毒、止血的功效。

生拌莲蒿
● 具有清虚热、健胃、祛风止痒的功效。

🏺 原料

莲蒿200克，熟芝麻8克。

🍴 调料

盐、味精各3克，香油8毫升。

🍳 制作方法

1. 将莲蒿洗净，入沸水中焯水后捞出，沥干水分晾凉。
2. 调入盐、味精拌匀。
3. 撒上熟芝麻，淋入香油即可。

生拌莲蒿

凉拌龙须菜

🏮 原料

龙须菜200克，红甜椒15克，冰水适量。

🍴 调料

盐3克，味精2克，蒜末、葱蓉各5克，食用油、糖各适量，辣椒油、香油各8毫升。

🍳 制作方法

① 将龙须菜择洗干净切段；将红甜椒去蒂、去籽，切圈；将蒜、葱洗净切末。

② 锅上火，注入适量清水，加少许油、盐、味精、糖，待水沸后下龙须菜、红甜椒圈焯熟，捞出放入冰水中泡约2分钟，再捞出冲凉水后沥干水分，盛入碗中。

③ 调入盐、味精、蒜蓉、葱末、辣椒油、糖、香油拌匀，装盘即可。

炝拌龙须菜

🏮 原料

干龙须菜60克。

🍴 调料

盐、白糖、味精各适量，红辣椒3克，葱10克，生抽、米醋、香油各一茶匙。

🍳 制作方法

① 干龙须菜冲洗干净，用清水浸泡3小时，再用水清洗干净。

② 葱切丝，红辣椒切成段。

③ 把龙须菜和红椒段放入大碗中，加入盐、白糖、米醋、生抽、味精、香油拌匀即可。

> **小提示**
>
> 凉拌龙须菜
> ● 具有清热解毒、养颜瘦身的功效。
>
> 炝拌龙须菜
> ● 具有养颜瘦身、增强免疫力的功效。

🦪 原料

姜芽、圣女果、黄瓜各100克。

🍴 调料

盐、味精各3克，香油适量。

🔪 制作方法

1. 将姜芽去皮，洗净；将圣女果洗净，对切；将黄瓜洗净，切片。
2. 将姜芽、圣女果、黄瓜一起放入碗中，调入盐、味精、香油搅拌均匀即可食用。

三色姜芽

香干马兰头

🦪 原料

香豆干80克，马兰头200克，红椒丝5克。

🍴 调料

盐5克，香油15毫升，鸡粉10克。

🔪 制作方法

1. 将马兰头洗净，过沸水，冲凉，挤干，剁碎。
2. 将香豆干过沸水，切碎；将香豆干、马兰头拌在一起加盐、鸡粉拌匀。
3. 最后淋上香油，撒上红椒丝即可。

小提示

三色姜芽
● 具有抗衰老、降血糖、减肥强体、健脑安神的功效。

香干马兰头
● 具有清热止血、抗菌消炎、抗血栓的功效。

🥘 原料

折耳根200克，青笋50克。

🍴 调料

盐、味精、白糖、蒜末、葱段各5克，姜末6克，陈醋15毫升，辣椒油10毫升。

🍳 制作方法

① 将折耳根洗净；将青笋洗净切丝。

② 将调味料入碗中与蒜末、葱段搅匀成味碟。

③ 再将折耳根、青笋丝放入调味料中搅匀装盘。

笋丝折耳根

小提示

笋丝折耳根
● 具有开胃健脾、开膈消痰、增强食欲的功效。

农家杂拌
● 具有降糖降脂、抗衰老、消脂减肥的功效。

🥘 原料

胡萝卜、黄瓜、生菜、莴笋各50克，紫包菜适量。

🍴 调料

盐3克，味精1克，醋6毫升，老抽10毫升，辣椒油15毫升。

🍳 制作方法

① 将胡萝卜、黄瓜洗净，切片；将莴笋去皮洗净切丝，将紫包菜洗净切丝，将上述材料入沸水中焯熟，与生菜一起装盘。

② 用盐、味精、醋、老抽、辣椒油调成汁，食用时蘸汁即可。

农家杂拌

🍲 原料

香干、胡萝卜各25克，芹菜250克，红甜椒10克。

🍴 调料

香油、生抽各10毫升，盐3克，鸡精5克。

🍲 制作方法

1. 将香干洗净，切成丝；将芹菜洗净，切段；将胡萝卜、红甜椒均洗净，切丝。
2. 将香干、芹菜、胡萝卜丝、红甜椒丝放入加盐的热水中，烫熟，捞起沥干水分，装盘。
3. 将香油、生抽、鸡精、盐调成味汁，淋在香干、芹菜、胡萝卜丝上，搅拌均匀即可。

香干杂拌

小提示

香干杂拌
● 具有生津润燥、清热解毒、健脾胃的功效。　⬆
田园时蔬
● 具有清热化痰、利膈宽肠、抗衰老的功效。　⬇

🍲 原料

冬瓜、胡萝卜、西蓝花、黄瓜、心里美萝卜、圣女果适量。

🍴 调料

精盐、味精、淀粉适量。

🍲 制作方法

1. 将上述主料分别切成条状、球状、块状。
2. 将各形状的主料用高汤煨煮，放精盐、味精调味勾芡装盘。

田园时蔬

菊花百合

🍲 原料

菊花35克，百合80克，温开水适量。

🍴 调料

蜂蜜、冰糖各8克。

🍳 制作方法

① 将菊花洗净，撕成小瓣，放入沸水中焯一下，捞起，沥干水分，装盘。

② 将百合剥瓣，去老边和心，放入沸水中烫熟，晾干，与菊花拌匀。

③ 将蜂蜜、冰糖、温开水拌匀，淋在菊花、百合上即可。

蜂蜜凉粽子

🍲 原料

粽子400克，枸杞5克。

🍴 调料

蜂蜜100克，盐少许。

🍳 制作方法

① 将粽子入锅中煮熟，待凉后剥去外皮，切成薄片。

② 将粽子片放入蜂蜜和盐水调成的蜂蜜水中浸泡1小时，取出摆盘。

③ 放上枸杞即可。

> **小提示**
>
> **菊花百合**
> ● 具有降血压、清肝明目、美容养颜的功效。
>
> **蜂蜜凉粽子**
> ● 具有养胃、增强体质的功效。

🥘 原料

黄豆100克，芥菜200克。

🍴 调料

香油、盐、葱、鸡精适量。

🥄 制作方法

1. 将芥菜洗净，用沸水焯一下，捞出晾凉切丁；将泡好的黄豆煮熟备用。
2. 将处理好的芥菜、黄豆放入盆中，加上适量的香油、盐、葱、鸡精拌匀，装盘即可食用。

芥菜黄豆

西芹百合腰果

🥘 原料

腰果、西芹200克，胡萝卜100克，百合适量。

🍴 调料

香油、生抽、盐、葱、鸡精适量。

🥄 制作方法

1. 西芹斜切段、胡萝卜切片，百合清水泡发。
2. 另起锅倒油，将腰果炒熟备用。
3. 将腰果、西芹、胡萝卜、百合放入盆中，加入适量的香油、生抽、盐、葱、鸡精，拌匀装盘即可。

小提示

芥菜黄豆
● 具有解毒消肿、开胃消食、降低血脂的功效。

西芹百合腰果
● 具有平肝降压、延缓衰老、清热润肺、增强抵抗力的功效。

原料

干黄花菜150克。

调料

葱3克，油8克，盐3克，红油少许。

制作方法

1. 将干黄花菜放入水中仔细清洗，捞出。
2. 锅加水烧沸，下入黄花菜稍焯，装入碗中。
3. 在黄花菜内加入所有调味料一起拌匀即可。

凉拌黄花菜

小提示
凉拌黄花菜
● 具有健脑、抗衰老、肌肤美容的功效。

红油酸菜
● 具有开胃提神、醒酒去腻、增进食欲的功效。

原料

酸菜250克，红椒、香菜叶各5克。

调料

盐2克，香油5毫升，糖少许，蒜10克，辣椒粉5克，红油适量。

制作方法

1. 将酸菜切成段；将蒜去皮剁蓉，红椒切成丝，香菜撕碎。
2. 用凉开水将切好的酸菜冲洗干净。
3. 将备好的材料与调味料搅拌均匀即可。

红油酸菜

🐷 原料

鲜榨菜500克。

🍴 调料

盐5克，味精3克，蒜5克，麻辣酱10克，香菜少许。

🍶 制作方法

1️⃣ 将榨菜削去外皮后，切成薄片；将蒜去皮，剁成蓉。

2️⃣ 将榨菜用盐腌渍5分钟，挤去水分。

3️⃣ 再将蒜蓉和所有调味料一起拌匀，撒上香菜即可。

凉拌鲜榨菜

小提示

凉拌鲜榨菜
● 具有健脾开胃、增食助神、减肥的功效。

凉拌虎皮椒
● 具有缓解疲劳、增加食欲、帮助消化的功效。

🐷 原料

青尖椒150克，红尖椒150克。

🍴 调料

盐5克，酱油3毫升，老抽5毫升。

🍶 制作方法

1️⃣ 将青、红尖椒洗净后分别切去两端蒂头。

2️⃣ 锅盛油加热后，下入青、红尖椒炸至表皮松起状时捞出，盛入盘内。

3️⃣ 将虎皮椒内加入所有调味料一起拌匀即可。

凉拌虎皮椒

凉拌韭菜

🏮 原料

韭菜250克，红甜椒15克。

🍴 调料

酱油、白糖各10克，香油少许

🍶 制作方法

1. 将韭菜洗净，去头尾，切成长段；将红甜椒去蒂和籽，洗净，切段备用。
2. 将所有调味料放入碗中调匀备用。
3. 锅中倒入适量水煮开，将韭菜放入烫1分钟，用凉开水冲凉后沥干，盛入盘中，撒上红甜椒段及配好的调料即可。

凉拌青红甜椒丝

🏮 原料

青甜椒150克，红甜椒150克。

🍴 调料

盐5克，味精3克，姜、蒜各20克。

🍶 制作方法

1. 将青、红甜椒洗净，去蒂、去籽，切成圈；将姜、蒜去皮，切成末。
2. 在青、红甜椒圈内加入盐腌渍5分钟，挤去盐水。
3. 再加入姜末、蒜末和所有调味料一起拌匀即可。

> **小提示**
> **凉拌韭菜**
> ● 具有益肝健胃、润肠通便的功效。
> **凉拌青红甜椒丝**
> ● 具有促进新陈代谢、抗衰老的功效。

🍲 原料

青豆角250克。

🍴 调料

盐、白醋、辣椒、鸡精、蒜末、香油适量。

🥄 制作方法

① 将豆角洗净，切成段。

② 锅内放水煮开，倒入约1小匙香油，将豆角放进煮开的水中焯熟，捞出沥干水分，摆盘。

③ 热炒锅，倒入适量的油，放入蒜末炒香，调鸡精、盐、醋和水调匀，倒入锅内炒匀成芡汁。

④ 将芡汁淋在豆角上，再放入适量的香油、辣椒拌匀即可。

凉拌豆角

雪里蕻拌椒圈

🍲 原料

雪里蕻300克，青尖椒50克。

🍴 调料

盐、味精各1克，醋8毫升，香油适量。

🥄 制作方法

① 雪里蕻切段；青尖椒切圈，热水焯后备用。

② 将雪里蕻置于沸水中焯熟后，捞出放入盘中，再放入青尖椒圈。

③ 加入盐、味精、醋、香油拌匀即可。

小提示

凉拌豆角
● 具有健脾胃、增进食欲的功效。

雪里蕻拌椒圈
● 具有醒脑提神、开胃消食、减肥的功效。

🍲 原料

黄瓜、胡萝卜、西蓝花各150克，冰块800克。

🍴 调料

盐3克，味精2克，酱油10毫升。

🍳 制作方法

1. 将黄瓜洗净，去皮，切薄长片；将胡萝卜洗净，切薄长片；西蓝花洗净备用。
2. 将西蓝花放入开水中，稍烫，捞出，沥干水；用盐、味精、酱油、凉开水调成味汁装碟。
3. 将备好的材料放入装有冰块的冰盘中冰镇，食用时蘸味汁即可。

冰镇三蔬

小提示

冰镇三蔬
● 具有抗衰老、增强抵抗力、清热解渴的功效。

清凉三丝
● 具有平肝降压、清热解毒、缓解疲劳的功效。

🍲 原料

芹菜丝、胡萝卜丝、大葱丝、胡萝卜片、香菜叶各适量。

🍴 调料

盐、味精各3克，香油适量。

🍳 制作方法

1. 将芹菜丝、胡萝卜丝、大葱丝、胡萝卜片分别入沸水锅中焯水，捞出。
2. 将胡萝卜片摆在盘底，其他材料摆在胡萝卜片上，调入盐、味精拌匀。
3. 淋上香油，撒上香菜叶即可。

清凉三丝

原料

熟山药500克，金丝蜜枣250克。

调料

白糖200克，冰糖适量。

制作方法

1. 把山药去皮，先切成段，再切成片，蜜枣剖成两半，去核。
2. 把蜜枣和山药分别排在碗内成两排，余下的山药填放在碗里，撒上白糖，放清水50克，旺火蒸到白糖完全溶化时取出，将糖汁控出，翻扣在圆盘里晾凉，再把蒸蜜枣山药的汁，烧至浓稠，浇在蜜枣山药上即成。

蜜枣山药

小提示

蜜枣山药
● 具有补肾润肺、补肾强身的功效。
香脆萝卜
● 具有保护肠胃、促进消化、增强机体免疫力的功效。

原料

白萝卜500克。

调料

盐、醋、白糖、味精、酱油、香油、干椒各适量。

制作方法

1. 将萝卜洗净，去皮，切成圆片。
2. 煮锅置火上，加入清水，放入盐、醋、白糖、味精、干椒、酱油煮滚，然后关火晾凉，制成酱汤待用。
3. 将萝卜片放入酱汤中，酱约24小时，捞出摆盘，淋上香油即可。

香脆萝卜

酸辣萝卜丝

🥘 原料

白萝卜300克。

🍴 调料

盐、蒜、葱各5克，红油10毫升，辣椒粉10克。

🍳 制作方法

1. 将萝卜去皮后洗净，切成细丝，盛入盘内；将葱切葱花；将蒜切片。
2. 将萝卜丝加入盐腌5分钟，挤去水分；再加入葱花、蒜片和所有调味料一起拌匀即可。

水晶萝卜

🥘 原料

白萝卜300克。

🍴 调料

盐、醋、味精、生抽各适量。

🍳 制作方法

1. 将萝卜洗净，去皮，切成段。
2. 将盐、醋、味精加清水调匀，放入萝卜腌渍3个小时，捞出，盛盘。
3. 将生抽淋在萝卜上即可。

> **小提示**
>
> 酸辣萝卜丝
> ● 具有益肝健胃、润肠通便的功效。
> 水晶萝卜
> ● 具有保护肠胃的功效。

🍲 原料

白萝卜1500克。

🍴 调料

盐2克，酱油2克，醋、白酒一勺，冰糖60克，干辣椒12个，味精少许。

🥄 制作方法

1. 白萝卜削皮，将大块的萝卜皮斜切成条状；将条状的萝卜皮放至阳光下晒至半干。
2. 将干红辣椒切段和冰糖一起入沸水锅中煮十分钟，离火放凉；将凉后的辣椒糖水倒入有萝卜皮的盆中，接着入盐、醋、酱油、高度白酒、味精，搅拌均匀，放在腌料中腌制三天时间即可。

酱香萝卜皮

爽口萝卜片

🍲 原料

心里美萝卜一个，红椒圈、黑芝麻各5克。

🍴 调料

香醋、美极鲜、糖、香油、鸡精适量。

🥄 制作方法

1. 萝卜洗净把皮去掉，切片，放入清水中浸泡15分钟。
2. 取出后切成粗条，加入少许盐腌制。
3. 出水后冲洗干净、沥干水分，加入香醋、美极鲜、糖、香油、鸡精拌匀，撒上黑芝麻、红椒圈即可。

小提示

酱香萝卜皮
- 具有除痰润肺、解毒生津的功效。

爽口萝卜片
- 具有减肥、养血的功效。

芹香豆干

🐷 原料

五香豆干2块，冬菇（浸软）4朵，胡萝卜、西芹80克。

🍴 调料

生抽2茶匙，麻油1茶匙，盐和糖各1／2茶匙。

🍳 制作方法

① 将五香豆干用水冲净，切成细丝。

② 将冬菇浸软，蒸5分钟，待凉后切细丝。

③ 将胡萝卜及西芹冲净，切细丝，放热水内氽水半分钟，即取出，过冷水，备用。豆干丝放热水内，氽水半分钟取出。

④ 将全部材料放大碗内，与调味料拌匀，置冰箱冷冻半小时即成。

小提示

芹香豆干
● 具有生津润燥、清热解毒的功效。

芹菜拌腐竹
● 具有利尿消肿、增进食欲的功效。

芹菜拌腐竹

🐷 原料

芹菜、腐竹各200克，红椒20克。

🍴 调料

香油10克，盐3克，味精2克。

🍳 制作方法

① 芹菜洗净，切段；红椒洗净切圈，与芹菜一同放入开水锅内焯一下，捞出，沥干水分。

② 腐竹以水泡发，切段。

③ 将芹菜、腐竹、红椒圈调入盐、味精、香油一起拌匀即成。

🍲 原料

杏仁50克，枸杞5克，苦瓜250克，红椒圈5克。

🍴 调料

香油10克，鸡精5克，盐3克。

🥘 制作方法

1. 苦瓜剖开去瓤，洗净切片，入沸水中焯至断生，捞出沥水，放入碗中。
2. 杏仁用温水泡一下，撕去外皮，掰瓣，放入开水中烫熟；枸杞泡发洗净。
3. 将香油、盐、鸡精与苦瓜拌均匀，撒上杏仁、枸杞、红椒圈即可。

杏仁拌苦瓜

小提示

杏仁拌苦瓜
● 具有清热润肺、养肝明目、清热益气的功效。

千层荷兰豆
● 具有增强机体免疫功能、利肠通便的功效。

🍲 原料

荷兰豆300克，红椒少许。

🍴 调料

盐3克，香油适量。

🥘 制作方法

1. 荷兰豆去掉老茎洗净，剥开；红椒去蒂洗净，切片。
2. 锅入水烧沸，放入荷兰豆焯熟，捞出沥干，加盐、香油拌匀后摆盘，用红椒片点缀即可。

千层荷兰豆

巧拌黄豆芽

原料

黄豆芽400克，芹菜100克。

调料

白糖、蚝油各1茶匙，食盐、花椒各2克，植物油、蒜瓣、醋、干辣椒少许。

制作方法

1 黄豆芽清洗干净去掉皮，芹菜择洗干净。
2 首先将芹菜、豆芽焯一下捞出，过冷水晾凉，沥干水分，芹菜切段，蒜瓣剁碎。
3 将焯烫好的豆芽和芹菜放在盆里，加入蒜末，再加食盐、蚝油、醋、白糖，把植物油放在勺子中，烧一下热油加入花椒爆香，然后将花椒油泼在菜上面，拌匀即可。

 小提示

巧拌黄豆芽
● 具有清热利湿、养气补血、美容护发的功效。

🥘 原料

蚕豆300克，泡红椒20克。

🍴 调料

盐、味精各3克，香油10克。

🍳 制作方法

1. 蚕豆去外壳，再剥去豆皮，洗净。
2. 泡红椒洗净，切小粒。
3. 将蚕豆放蒸锅内隔水蒸熟，取出晾凉，放盘内，加入泡椒粒、盐、香油、味精，拌匀即成。

酸椒拌蚕豆

葱香蚕豆

🥘 原料

蚕豆600克。

🍴 调料

盐5克，葱20克。

🍳 制作方法

1. 蚕豆放入清水中浸泡，捞出，沥干水分；葱洗净，切葱段备用。
2. 油锅烧热，放入蚕豆炸熟，加盐拌匀，盛入容器。
3. 将葱花和蚕豆搅拌均匀，装盘即可。

小提示

酸椒拌蚕豆
● 具有健脾开胃、温中益气、降低胆固醇的功效。
葱香蚕豆
● 具有益气健脾、促进骨骼生长的功效。

芥菜拌青豆

🐷 原料

芥菜100克，青豆200克，玉米粒5克。

🍴 调料

芥末油10毫升，香油20毫升，盐3克，味精2克。

🍲 制作方法

1. 芥菜择洗干净过沸水后切成小段。
2. 玉米粒、青豆择洗干净，放入沸水中煮熟，捞出装入盘中。
3. 加入芥菜，调入芥末油、香油、盐、味精拌匀即可食用。

小提示

芥菜拌青豆
● 具有美容养颜、去脂减肥的功效。 ⬆

凉拌山药片
● 具有健脾益胃、助消化、滋肾益精的功效。 ⬇

凉拌山药片

🐷 原料

山药500克，木耳（水发）10克。

🍴 调料

姜丝9克，葱丝9克，红椒片、白糖、醋、香油、盐各适量。

🍲 制作方法

1. 山药去皮洗净，切成片；木耳洗净切片。
2. 锅注水烧开，焯山药、木耳至熟透，捞起沥水；将葱丝、红椒片、姜丝和木耳、山药拌匀，加白糖、醋、香油、盐拌匀即可。

🥣 原料

山药250克。

🧂 调料

蓝莓酱适量。

🍳 制作方法

1 山药去皮洗净，切条，入沸水中煮熟，然后放在冰开水里冷却后摆盘。
2 将蓝莓酱均匀淋在山药上，码入其他水果片围盘点缀即可。

蓝莓山药

小提示

蓝莓山药
● 具有滋肾益精、降低血糖、增强记忆力、增强自身免疫力的功效。

梅子拌山药
● 具有生津止渴、健脾益胃、助消化的功效。

🥣 原料

山药300克，西梅20克，话梅15克。

🧂 调料

白糖、盐各适量。

🍳 制作方法

1 山药去皮，洗净，切块，放入沸水中煮至断生，捞出沥干水后码入盘中。
2 锅中放入西梅、话梅、白糖和适量盐，熬至汁稠为止。
3 汁放凉后浇在码好的山药上即可。

梅子拌山药

姜汁豆角

🐻 原料

豆角400克。

🍴 调料

醋15毫升，盐10克，香油10毫升，味精1克，糖少许，姜50克。

🔥 制作方法

1️⃣ 将豆角过水晾凉，切段，盛入盘中待用。

2️⃣ 将切好的豆角入沸水中稍焯后，捞起，沥干水分。

3️⃣ 将老姜切细，捣烂，用纱布包好挤汁，把调味料和姜汁调匀，浇在豆角上成菜，整理成型即可。

翡翠玻璃冻

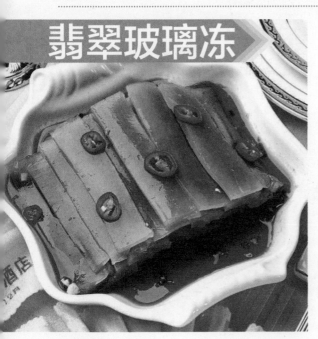

🐻 原料

海白菜400克，红椒圈40克。

🍴 调料

盐、味精各3克，红油15克。

🔥 制作方法

1️⃣ 海白菜洗净，切条，与红椒圈同入开水锅中焯水后捞出摆盘。

2️⃣ 红油加盐、味精调匀，淋在海白菜上即可。

小提示

姜汁豆角
● 具有健脾和胃、补肾止带、活血驱寒的功效。

翡翠玻璃冻
● 具有利水降压、软坚散结、清热解毒的功效。

🍲 原料

青豆250克，盐菜100克。

🍴 调料

盐3克，香油适量。

🍳 制作方法

1. 青豆洗净；盐菜洗净切碎。
2. 锅内注水烧沸，加盐，放入青豆煮至熟透，捞出沥干装盘。
3. 热锅下油，放入盐菜炒熟，盛入装青豆的盘中，加盐、香油拌匀即可。

盐菜拌青豆

萝卜干拌青豆

🍲 原料

萝卜干100克，青豆200克。

🍴 调料

盐3克，味精2克，醋6克，香油10克。

🍳 制作方法

1. 萝卜干洗净，切小块，用热水稍焯，捞起沥干待用；青豆洗净。
2. 锅内注水烧沸，加入青豆焯熟，捞起沥干并装入盘中，再放入萝卜干。
3. 向盘中加入盐、味精、醋、香油拌匀即可。

小提示

盐菜拌青豆
● 具有健脾宽中、清热除火、生津止渴的功效。

萝卜干拌青豆
● 具有降糖降脂、利膈宽肠、健脾宽中、润燥消水的功效。

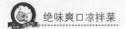
🥘 原料

鲜豆角250克，泡红椒20克，菊花瓣5克。

🍴 调料

盐5克，味精3克，麻油20克。

🥢 制作方法

1. 鲜豆角洗净，择去头尾，切成丝，入沸水锅中焯熟，捞出装盘。
2. 泡红椒取出，切丝；菊花瓣洗净，用沸水稍烫。
3. 将泡红椒、菊花瓣倒入豆角中，再加入盐、味精、麻油一起拌匀即可。

风味豆角

小提示

风味豆角
● 具有健脾和胃、补肾止带的功效。

酱汁豆角
● 具有健脾和胃、润肺化痰、滋养调气的功效。

🥘 原料

豆角300克。

🍴 调料

盐、香油、红椒圈、蒜米、酱油、白砂糖适量，醋2勺，花生酱10克。

🥢 制作方法

1. 两勺花生酱备用，加入适量水、少许盐、少许油、适量酱油搅拌成花生酱汁。
2. 豆角切成段后在水内泡一下，锅内热水，把洗干净的豆角放进去焯水，加一点油和少许盐，煮熟的豆角捞出过凉水。
3. 豆角内加入剁碎的蒜米，加适量盐，加半勺白砂糖，加适量醋，加入一点香油，把之前调好的花生酱汁淋上，拌出红椒圈即可。

酱汁豆角

🍲 原料

菠菜200克，杏仁、玉米粒、松籽各50克。

🍴 调料

盐3克，味精1克，醋8毫升，生抽10毫升，香油适量。

🔪 制作方法

1. 将菠菜洗净，切段，放入沸水中焯熟；将杏仁、玉米粒、松籽洗净，用沸水焯熟，捞起晾干备用。
2. 将菠菜、杏仁、玉米粒、松籽放入碗中，加入盐、味精、醋、生抽、香油拌匀。
3. 再倒扣于盘中即可。

宝塔菠菜

小提示

宝塔菠菜
● 具有通肠导便、促进生长发育、增强抗病能力、抗衰老的功效。

姜汁菠菜
● 具有滋阴润燥、补肝养血、清热泻火的功效。

🍲 原料

菠菜180克。

🍴 调料

盐、味精、红椒丝各4克，香油、生抽各10毫升，姜60克，蒜末10克。

🔪 制作方法

1. 将菠菜择净，洗净，切成小段装盘。
2. 将姜去皮，洗净，一半切碎，一半捣汁，与蒜末、红椒丝一起倒在菠菜上。
3. 将盐、味精、香油、生抽调匀，淋在菠菜上即可。

姜汁菠菜

三色核桃仁

🍲 原料

核桃仁80克，西芹、红椒适量。

🍴 调料

芥末油、香油各5克，盐3克，味精2克，白醋2克。

🍳 制作方法

1. 西芹切块，红椒切片，入沸水锅，熟后捞出。
2. 将核桃仁、西芹片、红椒片、盐、味精、芥末油拌匀。
3. 淋入香油即可。

香糟毛豆

🍲 原料

鲜毛豆节300克。

🍴 调料

糟卤500克，盐15克，香叶2片，绍酒50克。

🍳 制作方法

1. 新鲜毛豆节剪去两端，放入开水中汆烫，捞出后再放入冷水中冲凉备用。
2. 糟卤、盐、香叶、绍酒放在一起调均匀。
3. 将毛豆节放入糟卤中，入冰柜冰2小时即可。

> 小提示
>
> **三色核桃仁**
> ● 具有温补肺肾、健脑益智的功效。
>
> **香糟毛豆**
> ● 具有润燥消水、清热解毒、益气的功效。

Part 2 凉拌荤菜

🍲 原料

猪坐臀肉250克，苦笋200克。

🍴 调料

蒜7瓣，老姜1块，红油辣椒适量，白糖适量，盐适量，酱油2勺，葱花适量。

🍖 制作方法

1. 白肉洗净，加一块拍烂的老姜，煮熟捞起，待凉至常温，切成薄片备用。
2. 锅中烧沸水，下剥好的苦笋，煮半分钟左右就捞出，切薄片，笋摆入盘中，周边依次摆上切好的肉片；
3. 蒜剁细，加入红油辣椒、白糖、盐、酱油，拌均匀，浇在肉片上，撒上葱花即可。

苦笋拌白肉

小提示

苦笋拌白肉
● 具有滋阴养胃、清肺补血、利尿消肿的功效。

葱油香辣猪肝
● 具有名目、补血、增强体力的功效。

🍲 原料

猪肝200克，青、红椒各30克。

🍴 调料

料酒、蒸鱼豉油、香葱、花椒粒、姜适量。

🍖 制作方法

1. 猪肝切片，在水中浸泡30分钟。
2. 浸泡好的猪肝加入1勺料酒，香葱切末备用，青、红椒切片。
3. 锅中放清水置火上，加入20几粒花椒、几片姜，水沸后逐片下入猪肝焯熟，焯熟捞出，加入切好的葱末与青、红椒片、蒸鱼豉油。
4. 炒锅放油烧至轻微冒烟，烧热的油快速浇在猪肝上即可。

葱油香辣猪肝

原料

菠菜、猪肝适量。

调料

姜片适量，猪油少许，盐适量。

制作方法

1. 将猪肝洗净滤去血水后切片，用少许白醋腌制，用清水冲洗干净；
2. 猪肝放入碗里，用滚水倒入后再将水倒出，如此反复几次，锅内放入猪油、姜片，炒出香味后加入水，水烧开后放入菠菜，加入盐、猪肝，拌匀煮1分钟即可。

菠菜猪肝

小提示

菠菜猪肝
● 具有明目、补血、增强人体免疫力的功效。

酸菜拌肚丝
● 具有健脾开胃、补气、补虚、助消化的功效。

原料

熟猪肚300克，酸菜100克，青、红辣椒40克。

调料

香菜10克，大葱、生姜、醋、香油各5克，盐3克，味精1克。

制作方法

1. 将熟猪肚切丝，放入盘中。
2. 酸菜洗净，切丝，放入凉开水中稍泡，捞出，挤净水分，放入盘内。香菜、大葱、生姜、青红辣椒均洗净，切成细丝，放入盘中。
3. 将盐、醋、味精、香油倒入碗内，调成汁，浇在盘中的菜上，一起拌匀即可。

酸菜拌肚丝

哈尔滨红肠

🍲 原料

瘦肉350克，五花肉150克，鸡蛋80克，肠适量。

🍴 调料

盐3克，味精1克，生粉、五香粉、姜、葱各5克。

🍳 制作方法

1. 先将肠洗干净，用筷子刮掉肠油，制成肠衣，姜切末，葱切末，蛋打匀。
2. 将瘦肉、五花肉洗净，用机器搅成泥，加入盐、味精、蛋、生粉、五香粉、姜末、葱末搅匀。
3. 将肉泥灌入肠衣内，放入锅内煮熟晾凉，切片即可。

红油芝麻鸡

🍲 原料

鸡肉15克。

🍴 调料

盐3克，芝麻3克，辣椒酱7克，红油6克，料酒8克，葱少许。

🍳 制作方法

1. 鸡肉洗净，切块，用盐腌渍片刻；芹菜叶洗净备用，葱切末。
2. 水烧开，放入鸡肉，加盐、料酒去腥，用大火煮开，转小火焖至熟，捞出沥干摆盘。
3. 起油锅，将所有调味料入锅做成味汁，浇在鸡肉上，撒上葱末即可。

小提示

哈尔滨红肠
● 具有养胃健胃、提高免疫力的功效。

红油芝麻鸡
● 具有养血护肤、增强免疫力的功效。

🐷 原料

猪天梯500克。

🍴 调料

盐2克，蒜、姜片、葱各5克，鸡精粉1克，辣椒油、香油各10克，白酒、花椒各少许。

🥘 制作方法

① 猪天梯洗净切成条备用；葱切段，蒜去皮剁蓉。

② 锅上火，加入适量清水，放入少许白酒、姜片，水沸后下猪天梯，焯熟捞出，沥干水分，装入碗中。

③ 调入盐、鸡精粉、花椒、辣椒油、葱段、蒜蓉、香油拌匀，摆盘即可食用。

麻辣猪天梯

麻辣牛筋

🐷 原料

卤制牛筋200克，红椒5克，香菜各3克。

🍴 调料

辣椒油、花椒各5克，盐、姜、味精、醋、生抽各2克，芝麻少许。

🥘 制作方法

① 将卤制好的牛筋切片，摆盘；蒜、姜去皮，切末；辣椒洗净切圈，放在牛筋上；香菜择洗干净，摆盘。

② 油锅烧热，爆香蒜、姜、花椒，盛出，调入盐、味精、芝麻、醋和生抽，拌匀。

③ 将调味料浇在牛筋上，撒上红椒圈、香菜即可。

小提示

麻辣猪天梯
- 具有补肾养血、滋阴润燥、润肌肤的功效。

麻辣牛筋
- 具有强筋健骨、延缓衰老、益气补虚的功效。

风干牛肉

原料

牛肉（后腿）400克。

调料

盐3克，醋20克，白砂糖、花生油各30克。

制作方法

① 牛肉（后腿牛肉）剔去筋膜，片刀为大薄片，铺晒在簸箕上，放在通风地方，2至3小时即干燥。

② 炒锅置于火上，热锅注入花生油，四成热时，放入干牛肉泡炸3分钟（油温不要过高），捞出沥油。

③ 盐、醋、糖放在小碗中调化，炸后的肉用手砸成块，回入锅中，烹淋上糖醋汁，颠锅均匀，淋入花生油即可。

小提示

风干牛肉
● 具有安中益气、健脾养胃、强筋壮骨的功效。

凉拌牛百叶
● 具有补益脾胃、补气养血、补虚益精的功效。

凉拌牛百叶

原料

牛百叶200克，青、红椒与香菜各适量。

调料

盐、味精、鸡粉、辣椒油、麻油、葱各适量。

制作方法

① 牛百叶洗净，切片；红、青椒洗净，去蒂和籽，切丝，焯熟；葱洗净切丝。

② 将牛百叶煲熟，至爽脆，注意不要时间过长，捞起，沥干。

③ 加入调味料，拌匀，最后撒上红、青椒丝与香菜、葱丝即可。

🍲 原料

净牛肚500克。

🍴 调料

食盐、味精、百里香各5克，葱末20克，姜末10克，料酒3克，辣椒油30克。

🍳 制作方法

①　将净牛肚用火煮熟，用冷水冲凉，片去油和筋，再用葱末、姜末、料酒、盐、水将牛肚煮烂，熄火后再用原水泡2个小时，捞出晾凉。

②　将牛肚片成薄片，用盐，味精拌匀，等盐粒消失后再加辣椒油、百里香、葱末拌匀即可

干拌牛肚

小提示

干拌牛肚
● 具有补益脾胃、补气养血、增强免疫力的功效。

凉拌香菜牛百叶
● 具有健脾养脾、补血养血、提高免疫力、开胃消食、抗衰老的功效。

🍲 原料

水发牛百叶300克，香菜10克。

🍴 调料

盐5克，白胡椒粉、醋、味精各少许。

🍳 制作方法

①　水发牛百叶洗净，切成片；香菜切段。

②　将切好的牛百叶片放入沸水中焯一下，捞出晾凉。

③　将牛百叶与香菜段盛入盘中，加入所有调味料拌匀即可。

凉拌香菜牛百叶

麻辣羊肚丝

🥘 原料

熟羊肚200克，青、红椒10克。

🍴 调料

盐、味精各3克，葱、麻油、辣椒油各5克。

🍳 制作方法

1. 羊肚切成丝，葱洗净切丝，青、红椒切丝。
2. 盐、味精、麻油、辣椒油调匀成汁。
3. 将所有材料拌匀即可食用。

凉拌羊肉

🥘 原料

熟羊肉200克，香菜2克。

🍴 调料

盐、味精、香油、蒜蓉、葱各5克。

🍳 制作方法

1. 熟羊肉切片盛碟。
2. 葱切丝与蒜蓉、调味料加少许水搅拌成调料汁。
3. 将调料汁淋于羊肉上拌匀，撒少许香菜即可。

> **小提示**
> 麻辣羊肚丝
> ● 具有补虚健胃、保护肝肾的功效。
> 凉拌羊肉
> ● 具有温补脾胃、温补肝肾、补肝明目、养心润肺的功效。

🍲 原料

鸡胸肉200克，粉皮6张，黄瓜50克，红椒丝20克。

🍴 调料

蛋黄酱3大匙，青芥辣、盐、葱花各适量，柠檬汁1小匙。

🍳 制作方法

1. 鸡胸肉加入1小匙盐搓匀，隔水大火蒸15分钟，粉皮切段，隔水蒸5分钟至透明待凉，调味料拌匀备用，黄瓜切丝。
2. 鸡胸肉待凉后撕成丝，粉皮摊开与鸡丝、黄瓜丝、红椒丝拌匀，撒上调好的调味料、葱花即可。

鸡丝粉皮

口水鸡

🍲 原料

鸡500克，芝麻5克，红椒段适量。

🍴 调料

盐5克，味精3克，姜10克，葱、芝麻酱各20克，蒜5克，辣椒油适量。

🍳 制作方法

1. 将鸡洗净，放入锅中用小火煮至八成熟时，熄火，再泡至全熟，捞出备用。
2. 将煮好的鸡肉斩成小块，装入盘中晾凉。
3. 将切好的葱末、姜末、红椒段、蒜蓉和所有调味料一起拌匀，浇在鸡块上，稍浸泡入味，即可食用。

小提示

鸡丝粉皮
● 具有减肥排毒、降糖、抗衰老、健脑的功效。
口水鸡
● 具有强身健体、提高免疫力、促进智力发育的功效。

🍲 原料

包装皮冻500克，香菜30克。

🍴 调料

生抽、陈醋各8克，辣椒油、麻油各10克，味精2克，糖5克，红辣椒10克。

🥄 制作方法

1. 将红辣椒去蒂、去籽，洗净切丝，香菜择洗净切段。
2. 将皮冻拆除包装，略洗，切成块，装入碗中。
3. 调入各种调味料，拌匀即可食用。

手工皮冻

小提示

手工皮冻
● 具有补血养颜、开胃消食的功效。

水晶皮冻
● 具有延缓衰老、美容养颜的功效。

🍲 原料

包装皮冻500克，青、红辣椒各10克，香菜30克。

🍴 调料

生抽、陈醋各8克，辣椒油、麻油各10克，味精2克，糖5克，葱20克。

🥄 制作方法

1. 将青、红辣椒去蒂、去籽，洗净切丝，香菜择洗净切段，葱择洗净切成葱花。
2. 将皮冻拆除包装，略洗，切成块，装入碗中。
3. 调入各种调味料，拌匀即可食用。

水晶皮冻

🍲 原料

猪肉皮500克。

🍴 调料

盐、老抽、姜各5克，葱10克，味精、芝麻、醋各3克。

🍳 制作方法

1. 肉皮刮去残毛洗净，切成四方形小粒。
2. 将肉皮放入锅中，加水、盐、味精熬3个小时至浓稠，盛入碗中，放入冰箱急冻至凝固。
3. 取出皮冻，改刀成条；所有调味料拌匀淋在皮冻上即可。

水晶猪皮

小提示

水晶猪皮
● 具有活血止血、补益精血、滋润肌肤、延缓衰老的功效。

大刀耳片
● 具有补虚损、健脾养脾、养胃健胃、补肾、补虚、开胃消食的功效。

🍲 原料

猪耳300克。

🍴 调料

盐3克，味精1克，醋8克，生抽10克，红油15克，熟芝麻、葱各少许。

🍳 制作方法

1. 猪耳洗净切片，装入盘中；葱洗净切成葱花。
2. 锅内注水烧沸，放入猪耳片余熟，捞起沥干放入盘中。
3. 用盐、味精、醋、生抽、红油调成汤汁，浇在耳片上，撒上熟芝麻、葱花即可。

大刀耳片

泡椒凤爪

🥘 原料

鸡爪500克。

🥄 调料

泡红辣椒和适量，大蒜适量，姜1个，花椒5克，胡椒粉2克，料酒适量。

🍳 制作方法

1. 清洗干净后从中间剁开备用；老姜切成片，放入沸水中煮10~15分钟，捞出冷却沥干水分。
2. 将开水盛在大碗中，冷却后加入大蒜、泡红辣椒、姜片、花椒，取老坛泡菜水，倒入水中，加入料酒、胡椒粉，然后充分混合。
3. 倒入冷却后的泡菜水中，浸泡30分钟即可。

老醋拌鸭掌

🥘 原料

鸭掌10个，香菜段少许。

🥄 调料

老醋、冰糖、葱、茴香籽、黄酒、橄榄油适量，八角、干辣椒1个。

🍳 制作方法

1. 锅中放水烧开，放入葱、茴香籽、八角、干辣椒煮出香味，放入鸭掌煮至酥软入味，捞出备用。
2. 起油锅，放配料爆炒，待冰糖下去炒出糖色，加入鸭掌炒至金黄色。
3. 待鸭掌晾凉后切块，淋上老醋，撒上香菜段拌匀即可。

小提示

泡椒凤爪
● 具有开胃生津、促进血液循环的功效。
老醋拌鸭掌
● 具有益气补虚、清热健脾的功效。

🎀 原料

无骨凤爪200克，香菜20克，香芹20克，
柠檬适量。

🍴 调料

泰式汁75克。

🥄 制作方法

1. 凤爪去趾洗净，香菜、香芹洗净切段；柠檬榨成汁备用。
2. 锅上火，水烧开，放入凤爪焯熟，捞出沥干水分，用柠檬汁、泰式汁腌制。
3. 将腌过的凤爪沥干水，调入香菜、香芹拌匀即可上碟。

泰式凤爪

红油鸭块

🎀 原料

烤鸭500克。

🍴 调料

红油25克，生抽8克，香油10克，味精3克，
葱、蒜各10克，姜适量。

🥄 制作方法

1. 将烤鸭洗净备用，蒜、姜去皮切末，葱切葱花。
2. 将烤鸭装入盘中，入锅蒸约15分钟后取出。
3. 取一小碗调入红油、生抽、香油、味精、姜、葱、蒜调成味汁，淋于其上即可。

小提示

泰式凤爪
● 具有祛脂降压、养颜护肤的功效。

红油鸭块
● 具有养胃生津、开胃消食、清热健脾的功效。

盐水鸭

🍲 原料

鸭肉200克。

🍴 调料

盐20克，味精3克，花雕酒10克，胡椒粉2克，葱10克，姜5克。

🥄 制作方法

1. 姜、葱切末，将鸭肉洗净，用所有调料拌匀制成的调味料将其腌渍2小时。
2. 锅置火上，加入水和盐，烧开后将腌好的鸭肉煮5分钟，盖上盖浸泡至熟。
3. 再将熟鸭肉取出晾凉，斩成块装盘即可。

小提示

盐水鸭
● 具有清热、排毒、滋阴、增强人体免疫力的功效。

麻辣鹅肠
● 具有清热通淋、凉血活血、消肿止痛的功效。

麻辣鹅肠

🍲 原料

鹅肠300克，红椒10克，香菜叶少许。

🍴 调料

葱、蒜、油、辣椒油、辣椒粉各5克，盐、鸡精各2克，麻油3克。

🥄 制作方法

1. 鹅肠洗净，切成小段，蒜去皮，切末，葱洗净，切段。
2. 锅上火，注入清水，加少许油、盐、葱段，待水沸后，下入鹅肠氽熟，捞出，沥干水分，盛入碗中备用。
3. 调入盐、鸡精、麻油、辣椒油、蒜末、辣椒粉拌匀，放上香菜叶即可。

🦆 原料

卤鸭脖300克，香菜、红椒丝少许。

🍴 调料

葱30克，酱油5克，味精2克，辣椒粉、胡椒粉、老陈醋各3克，香油适量。

🥄 制作方法

1. 将卤鸭脖切块，葱洗净切丝，香菜择洗干净，切段备用。
2. 所有备好的原材料均装入盘内。
3. 将所有调味料搅匀，浇在盘中的鸭脖上，撒上香菜、红椒丝即可。

家常拌鸭脖

小提示

家常拌鸭脖
● 具有平肝去火、除湿去烦、开胃健脾、暖胃生津的功效。

红油拌肚丝
● 具有健脾养脾、止渴、养胃健胃、补气的功效。

🐷 原料

猪肚500克。

🍴 调料

酱油25克，红油15克，香油10克，盐、味精、白糖、葱花各少许。

🥄 制作方法

1. 将猪肚择净浮油，洗干净，放入开水锅中煮熟捞出。
2. 待猪肚晾凉，切成细丝待用。
3. 取酱油、红油、香油、盐、味精、白糖、葱花兑汁调匀，淋在肚丝上，拌匀即成。

红油拌肚丝

滇味辣凤爪

🐷 原料

去骨凤爪300克，柠檬5克，香茅草、香芹、沙姜各3克，葱头、红尖椒各2克。

🍴 调料

盐3克，味精2克，白糖5克，红醋3克，鸡粉2克。

🍶 制作方法

1. 将柠檬去皮，香茅草、沙姜洗干净一起打成酱，红尖椒洗净切段，葱头切丝。
2. 去骨凤爪煮熟，放入调制的酱，再放盐、味精、白糖、红醋、鸡粉，拌匀装盘，再放上香芹、红尖椒段、葱丝即可。

蒜泥白肉

🐷 原料

猪臀肉500克。

🍴 调料

酱油、辣油各20克，白糖2克，清汤、香醋各5克，盐1克，味精4克，蒜泥25克，葱段适量，白酒适量。

🍶 制作方法

1. 猪臀肉洗净。
2. 锅上火，加入适量清水，放入少许白酒、姜，水沸后下猪臀肉，氽熟捞出，沥干，切成薄片，整齐地装入盘内。
3. 小碗内放入蒜泥、酱油、糖、盐、味精、辣油、清汤，调匀后，浇在白肉片上面，撒上葱段即成。

> **小提示**
>
> **滇味辣凤爪**
> ● 具有养颜护肤、开胃消食的功效。
>
> **蒜泥白肉**
> ● 具有清热凉血、健脾开胃的功效。

🦪 原料

海螺400克，青红椒圈适量。

🍴 调料

盐、味精各3克，香油、陈醋各20克。

🥄 制作方法

1. 海螺取肉洗净，切片，入开水中氽熟，捞起控水；青红椒圈焯水后取出。
2. 将盐、味精、香油、陈醋加适量清水烧开成味汁。
3. 海螺、青红椒同拌，淋上味汁即可。

拌海螺

🦪 原料

三文鱼80克，北极贝、虾、金枪鱼各50克，黄瓜片、柠檬片、冰块各适量。

🍴 调料

酱油、芥辣、蒜末各适量。

🥄 制作方法

1. 将三文鱼、北极贝、虾、金枪鱼均洗净，放入冰块中冰镇1天备用。
2. 将三文鱼切片；将北极贝解冻，切片；将金枪鱼解冻，切块。
3. 将冰块打碎，将三文鱼、北极贝、虾、金枪鱼摆入盘中，饰以柠檬片、黄瓜片；用调味料加蒜末调匀成味汁，食用时蘸味汁即可。

和风刺身锦绣

小提示

拌海螺
- 具有清热明目、利膈益胃、醒酒的功效。

和风刺身锦绣
- 具有增强脑功能、补虚劳、健脾胃、暖胃和中的功效。

原料

墨鱼仔200克，圣女果适量。

调料

盐、醋、味精、生抽、料酒各适量。

制作方法

1. 墨鱼仔洗净，圣女果洗净，切小块待用。
2. 锅内注水烧沸，放入墨鱼仔稍汆，捞出沥干并装入碗中。
3. 加入盐、醋、味精、生抽、料酒拌匀，排于盘中，用圣女果点缀即可。

纯鲜墨鱼仔

小提示

纯鲜墨鱼仔
● 具有壮阳健身、益血补肾、健胃理气的功效。

椒盐河虾
● 具有增强人体免疫力、安神养血、缓解神经衰弱的功效。

原料

河虾200克。

调料

盐3克，鸡精粉2克，油500克，蒜10克，红辣椒5克，味椒盐10克，葱花适量。

制作方法

1. 河虾在盐水中浸泡约10分钟后捞出，沥干水分，蒜去皮切蓉，红辣椒去蒂、去籽，切粒备用。
2. 锅上火，油温烧热至150℃时放入泡过盐水的河虾，炸干后捞出沥干油分装盘。
3. 锅上火，注入适量油，爆香蒜蓉、红辣椒粒，调入盐、鸡精粉、味椒盐炒匀，淋入盘中，撒上葱花即可。

椒盐河虾

📛 原料

剥皮鱼、红椒、熟芝麻各适量。

🍴 调料

卤汁、盐、酱油、香油、料酒各适量。

🥄 制作方法

1. 剥皮鱼治净，切除头部，用盐、酱油、料酒拌匀，腌渍2个小时，至鱼入味。
2. 油锅烧热，入红椒、剥皮鱼，炸至鱼色红润，捞起沥油放入卤汁锅，以小火浸渍入味，捞出沥水装盘，淋香油，撒熟芝麻即可。

香辣剥皮鱼

小提示

香辣剥皮鱼
● 具有健胃、补钙、补充维生素的功效。

红油沙丁鱼
● 具有补钙、促进胎儿发育的功效。

📛 原料

沙丁鱼300克。

🍴 调料

盐、味精、醋、老抽、红油各适量。

🥄 制作方法

1. 沙丁鱼治净，切去头部。
2. 炒锅置于火上，注油烧热，放入沙丁鱼炸熟，捞起沥干油并装入盘中。
3. 将盐、味精、醋、老抽、红油调成汁，浇在沙丁鱼上面即可。

红油沙丁鱼

鱿鱼三丝

🦑 原料

鱿鱼120克，洋葱100克。

🍴 调料

盐、味精各4克，红油、生抽各10克，辣椒70克。

🍳 制作方法

1. 鱿鱼洗净，切成丝，入开水中烫熟。洋葱洗净，切成丝，入开水中烫熟。辣椒洗净，切成丝。
2. 油锅烧热，入辣椒爆香，放盐、味精、红油、生抽炒香，制成味汁。
3. 将味汁淋在洋葱、鱿鱼上，拌匀即可。

胡萝卜脆鱼皮

🦑 原料

鱼皮100克，胡萝卜200克。

🍴 调料

盐3克，味精1克，醋10克，生抽12克，料酒5克，葱少许。

🍳 制作方法

1. 鱼皮洗净，切丝；胡萝卜洗净，切丝；葱洗净，切花。
2. 锅内注水烧沸，分别放入鱼皮、胡萝卜丝焯熟，捞起沥干并装入盘中。
3. 再加入盐、味精、醋、生抽、料酒拌匀，撒上葱花即可。

> **小提示**
>
> **鱿鱼三丝**
> ● 具有缓解疲劳的功效。
> **胡萝卜脆鱼皮**
> ● 具有养颜护肤、滋补身体的功效。